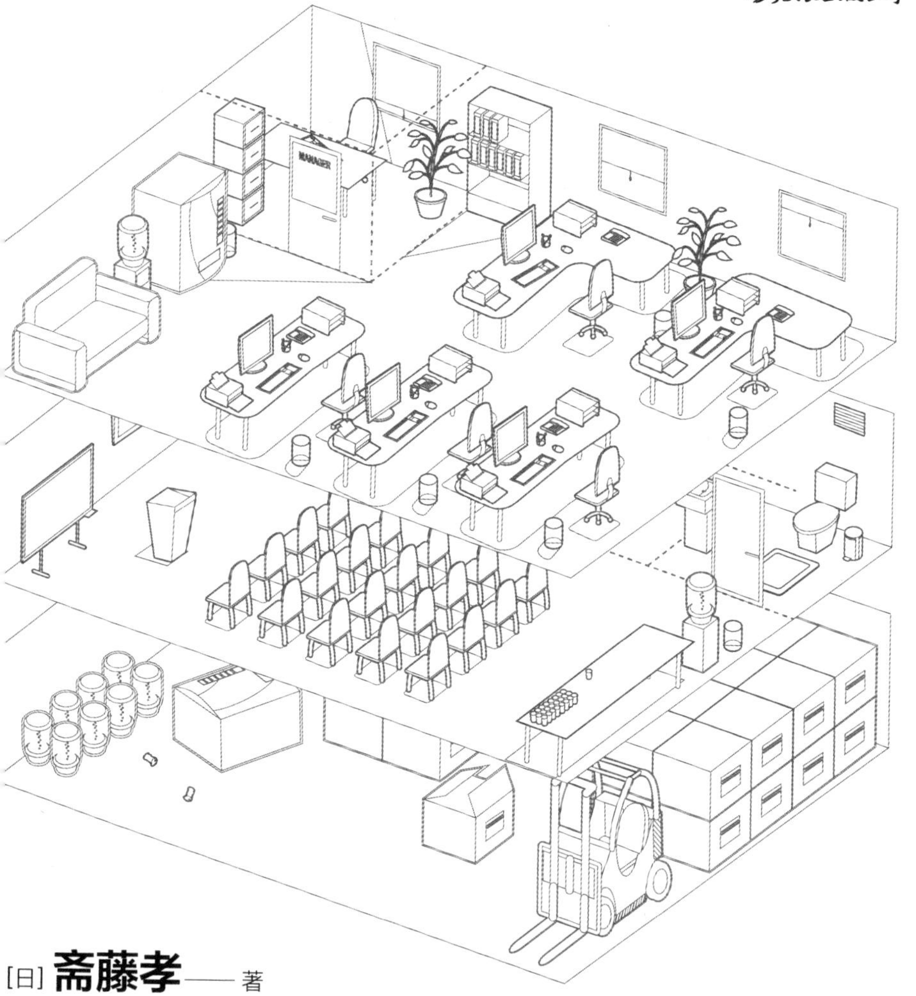

[日] **斋藤孝** —— 著

曹姮 黄桂 —— 译

规划力

如何清晰预见成功轨迹

前　言

规划力[①]**是在社会上生存的能力**

除了特殊的天才或艺术家以外，我们一般人之间的才华或能力的差距并不大。我认为世上只有会规划和不会规划的人。通常在失败的时候，我们会说自己才华不够或没有能力。**然而将责任归咎于才华、背景或环境，事情将无从改善。无从改善，也就不会努力。但如果认为是"规划不周全所以无法顺利进行"，处理方法就不同了。**这是很重要的一点。

以读书为例，能否发觉规划不理想，将使结果天差地别。

[①] 本书原日文书名为《段取り力》，其中"段取り"意指处理事情的步骤、安排和程序，可引申为策划、计划、规划、安排和部署等，另外也指小说或戏剧等的文章脉络和剧情铺陈。而"段取り力"就是指具备了这方面的能力。本书中虽将"段取り力"统一译作"规划力"，但为求行文的流畅性和讲求用词的正确，在顾全作者原意的前提下，原文中的"段取り"一词，中译文将不会硬性地只用"规划"一词。此外，"段取り"的英文为 a plan, a program, arrangements, preparations。在此供读者参考，以强化对此名词的了解。——译者注

一般人考试成绩差,多半会认为是自己不够聪明,或"这个科目我不擅长"。其实考试考不好,是因为对复习的规划不理想或考试时间分配得不好。如果能如此客观地思考,就会有很大的进步。

做家务或工作经验丰富的人深知"规划就是关键"。简言之,规划这个词的存在可以减轻我们自责的程度。人一旦自我否定,就产生不了动力。若想成"不是自己无能,而是规划出了问题",就能在维持自我肯定的状态下去做改善。日本人很喜欢反省,认为人懂得反省事情就会顺利。其实不必反省自己所有的个性,只要重新调整一下工作顺序,情况就会有所改变。

这种想法的转换极为重要。"因为规划得不好,所以事情没有做好。"将规划力的概念用在培养这种思考模式上是非常有效的。

一旦掌握"规划力"这种思考模式,无论碰到任何活动或情况,都能从这个角度去分析。当你明白了它存在于所有活动当中,就能将迥然不同的活动联系起来并加以审视。这就是"规划力"这个词的作用所在。例如烹饪跟论文看起来是截然不同的两件事,若用"规划力"这把刀来剖析,就会发现它们的共通点。一旦了解到这个概念的重要性,你就能活得自信且游刃有余。

"规划"这个词,用比较接近日本工匠用语的"步骤"来说更为贴切,且多用于实际情况中。在雕刻之类的艺术品制作上,雕刻家也表示步骤非常重要。艺术天分可能只需要一点点,其他靠记住步骤便可达到一定的水平。而记住步骤的能力,只要肯努力就会提高。连艺术都并非取决于天分而是规划力,可见它对其他活动的作用更大。

只要掌握了规划力,所有活动都能变得轻而易举,这种想法很有趣。抱持着这种想法,必能肯定自己的潜力,冷静地面对失败。

从发现自己内在的规划力开始

我在很多地方谈到规划力这个概念,很多人都表示自己没有规划力,希望我能教他们。我几乎没看过有人自信地说:"我有规划力。"

本书针对规划力的含义及获得的方法作了论述,其实真正的目的是要读者发现自己内在的规划力。有许多例子显示,有的人明明拥有规划力却毫不自知,一味认定自己的规划力很差。其实规划力有各种类型,第一步就是要明白一定有一种规划力是自己擅长的。

例如，森鸥外是工作有条不紊的类型，而无赖派作家坂口安吾则是将各种东西散放在房里写小说的类型。从这两人写作都很高产，而且都留下了许多脍炙人口的作品来看，可以说两人各自的规划力都不错。

森鸥外的规划力，是将周遭整理得井然有序，按照计划切实执行。而坂口安吾则是把房间搞得一团乱，从杂乱中孕育出他的小说。如果说杂乱能让自己文思泉涌，那保持杂乱会更有效果。

据说将棋天才羽生善治年轻时，只要在旅馆或饭店就无法放松。由于将棋比赛都在旅馆或饭店举行，而非自己家里，所以让他感到很疲累，也会影响到他下棋。他是如何解决这个问题的呢？首先在抵达旅馆后，他会将行李全部散放在房间内，布置成家里的样子。这样感觉像是在属于自己的空间，他就可以轻松地去面对比赛了。

以羽生来说，把旅馆房间弄乱就是他的规划力。并非井然有序才算是规划力很好。就如同有些人在职场上，经常将资料在桌上堆得像山一样，可是却很清楚什么东西放在哪里，而且能迅速无误地完成工作。

包括上述内容在内，**设法找到适合自己的规划类型才是本书最大的意义所在**。能做好普通的规划，却找不到适合自己的规划方式是一种不幸。我们不是要学习普通的规则，而是要灵活运用自己的方式，将规划力技术化，这才是本书的最终目的。

因此，第一步就是要去发现自己内在的规划力，这点很重要。有些人在工作上的规划力不佳，在其他方面的规划力却很好。明明对自己擅长的事情具有优异的规划力，他们却视为理所当然而不自知。

居家类型的人擅长烹饪，但是上班工作就不行了。这种人懂得烹饪上的"要领"，却没能跟工作联系起来。以自己擅长的事物为范本去克服不擅长的事物，就是进步的诀窍所在。如果自己在某个领域具有规划力，就仔细加以观察研究，然后应用在其他事情上。要学会所有领域各种类型的规划力是不可能的，也是错误的。第一步应该要先去发现自己内在的规划力，再加以扩大。

指导手册与规划力不同

在此要先声明一点，指导手册不等同于规划力。当我们听到"照章行事的人"时，总会有不好的印象。其实指导手册本来就是做事的步骤，了解的人当然比不了解的人做得要好。那为何"照章行事的人"会被列为不能用的人呢？这是因为他们只会按吩咐行事。

"照章行事的人"不会自己组织和决定做事的顺序，所以不会视状况采取临机应变的行动。不过，做出指导手册的人很厉害。能将步骤或程序普遍化，绝对是非常具有规划力的人。总之，按照指导手册做事的人与写出指导手册的人，看似雷同却有着云泥之别。

本书的主题"规划力"包含了自己安排、部署的意思。之所以用"部署"这个在日语中有点文言的词，是因为这个词当中有自己分配组织的含义，与照章行事的意思完全不同。

指导手册也一样。世界上有许许多多的指导手册，光照着指南去做是学不到规划力的。虽然聊胜于无，但是你读再多指南，还是无法掌握到真髓。真髓就在于作者所拥有的能力，他们发现这些重点并将之集结成书。成为指导手册的读者还是作者，具有决定性的差异。

我在大学任教，我的学生常到麦当劳或肯德基打工。我会请他们在课堂上教其他同学打工的方法。让他们简单介绍肯德基的鸡肉炸法，或麦当劳汉堡的包法，等等。

结果发现，教学双方都能在短时间内完成传授及学习工作。因为美式快餐连锁店有极佳的指导手册，可以让第一天到店里打工的人马上学会并上场工作。不过这种经验并不能成为做其他事情的原动力。打工经验再多，也只能学到照章行事，而学不到真正的能力。

若要从手册开始学习，就得先思考手册为何如此编写，同时观察并了解其他人做事的方法。举例来说，如果通过观察负责整个店面运营的店长的行动，领悟了他所下达的指令，你马上就能成为店长。**若能领悟出某种行动背后的指导手册，就表示你自己也有了编写指导手册的能力。**自己若能编出一套指导手册，站在规划者一侧考虑，你就得到了真正的能力。不久的将来，你会成为店长，甚至自立门户。

并非指导手册不好。只要去了解编写指南的人真正的意图，或者自己能达到编写指南者的水平即可。只要朝着这个方向努力，即便被认为是照章行事的人，也有机会脱胎换骨，变成更有规划力、创造力的人。

规划力可以多方面应用

烹饪的步骤不对，做出来的菜就会难吃而无法入口。欠缺某样决定性的食材，就做不出美食。美味与否对人类来说是一种基本的感觉，如果凭这种感觉每天进行严格检验的能力就是规划力的话，那么擅长烹饪的人大概做其他事也能够发挥极大的能力。

自己擅长烹饪，但不擅于文书工作；很会做家务，但是面对工作就完全没辙了。大家容易像这样把家务与工作分开来想。其实认为家庭主妇到了外面就什么都不会做的想法才奇怪。当然，擅长烹饪的"规划力"要发展成影响政治或历史的一流"规划力"，中间的差距实在太远。不过烹饪这种格局的规划力，是可以运用在工作上的。

只要了解规划力有格局大小之差，就能清楚自己擅长什么格局的规划力。如此一来在工作上，自己堪任的工作范围或擅长的领域也容易扩展开来。

缺少才能，再怎么做也会停顿在因为资质太差而无能为力的状态。但若只是缺少规划力，根据其做法尚有可为。只要有过一次成功的经验，就能应用经验去扩展可能性。例如对烹饪有信心的人，只要以做菜的感觉去做其他事情即可。

"规划力"这个词并不限于某种特定领域。在某方面所培养的规划力可以应用到其他方面。这同时也将带给你极大的自信。

我们常说，有一技之长的人做其他事情也没问题。简言之，有一技之长的人，知道内在的窍门，懂得让事情顺利进展的要领，并可将之应用到其他事情上。

而完全不曾训练过规划力的人，则不懂碰到事情时的处理步骤。**有规划力的概念和没有这个概念的人,在处理事情上的效率差距极大。**

本书所要强调的是希望读者先认识"规划力"这个名词,然后了解到规划力的概念要比一般的认知更为广义。并不是A有规划力、B没有规划力的这种二分法,而是去发现自己在某方面具有规划力,这样你就会拥有非常积极的心态。

目 录

前　言 001
　　规划力是在社会上生存的能力　001
　　从发现自己内在的规划力开始　003
　　指导手册与规划力不同　005
　　规划力可以多方面应用　007

第一章　高生产率的专业规划力 001
　　1.丰田高本益比的规划力　003
　　　　世界共通的术语"KAIZEN"　003

调整既有的程序 006

　　　预设交货期可避免浪费 007

　　　设定无法简单达成的目标 011

　2. 建筑家安藤忠雄深具创意的规划力 014

　　　印象训练即为规划力 014

　　　从与现场的对话中获得新构想 016

　　　明确最终蓝图，即可看出规划 019

　　　通过限定材料唤起创造性 022

　3. 从酒店重建案透视缜密的规划力 027

　　　站在撰写工作手册的一方 027

　　　工作背后惊人的专业规划力 030

　　　勿忘以俯瞰的角度看事情 033

　4. POPEYE 表明规划力要留有空白 037

　　　先投石问路再采取行动的规划力 037

　　　留出空间，确定空间的范围 041

第二章　不畏困扰的坚韧规划力 045

　1. 从时刻表发现"隐形列车"的规划力 047

　　　"条理师傅"制定列车时刻表的规划力 047

　　　解决问题的规划力 049

　　　积累经验与技术方能拥有卓越的规划力 052

　2.《肖申克的救赎》呈现的长期规划力 056

规划意识是取得进步的捷径 056

毅力与坚持来自对未来的预见 060

随时注意将愿景具象化 063

3.运动选手超人的规划力 067

清水宏保"将感觉化为意识,训练敏锐神经的规划" 067

"目标是四年后"的一流规划力 070

"我要的不是金牌"——高层次的想法 073

铃木一朗的"螺旋上升的规划" 075

江夏"深知投球奥妙的配球规划" 077

4.阿波罗13号所呈现的极致规划力 081

人类史上最复杂的规划力 081

运用"稻草人程序表"避免危机发生 085

完成图表前的共同作业是成功的秘诀 087

第三章 规划力实践篇 091

1.收纳·整理的规划力 093

收纳·整理要诀:先从容易判断留或不留的东西着手 093

以自身的经验和常识判断取舍 095

2.写作的规划力 098

先以3·3·3的方式整合归纳主题 098

使用三色笔,任何人都可以实时写作 102

能够应付困难,高明的"3"的规划力 106

3. 沟通的规划力 108

　　要有空间位置和"偏好地图"的意识 108

4. 职场的规划力 111

　　将一天以90分钟为单位划分区块，并用三种颜色分类 111

　　塑造固定模式 113

5. 会议的规划力 115

　　提出具体且具有本质性的点子 115

　　如何鼓励孩子读书？118

第四章　何谓规划力？ 121

1. 规划力的作用 123

　　规划力能为周围的人带来利益 123

　　练就良好的规划力可以避开人生危机 127

　　让意志变得强韧，应对任何事情都能游刃有余 130

2. 规划力到底是什么能力 134

　　看清本质差异的能力 134

　　能够配合各种人的规划能力 138

　　不偏离大框架和不弄错优先顺序的能力 140

　　能够调整顺序的能力 142

　　引发出比你拥有的资质更高的能力 144

3. 必须经常意识到规划力 147

　　建立"规划力是重要食谱"的概念 147

第五章　锻炼规划力的方法 151

    1. 从成品推测它的规划 153

        在"木糖醇口香糖"出现以前 153

        试着在设计表上写下你的规划 155

        在固定条件下做规划考虑 158

    2. 抱持"以规划力这把刀切东西"的观念 161

    3. 从小规划开始扩展技巧 164

    4. 结合意象和材料建造通路 167

    5. 使观点和切入点明确化 171

    6. 重新组合优先顺序 173

    7. 设定自己可接受的状况进行规划 176

    8. 必须要有"背后规划"的意识 180

    9. 看幕后制作花絮是锻炼规划力的最佳方法 183

    10. 像改变倍数一样改变看东西的方式 186

    11. "交错重叠"的技巧 189

后　记 192

出版后记 196

第一章

高生产率的专业规划力

丰田高本益比的规划力

世界共通的术语"KAIZEN"

首先要找出优秀的规划力范本,试着剖析其真髓所在。重复这种练习,可将优秀的规划力技术化,融会贯通成为自己的规划力。尤其在看所谓成功的例子时,培养从规划力的观点进行分析的习惯是非常重要的。

在《丰田改善力》(若松义人、近藤哲夫著)一书中,记述了国际知名的丰田汽车公司以成本减半为目标且不断改善的过程。丰田采取的是减少每次到生产现场所发现的浪费,再重新调整部署的生产方式。通过减少浪费使流程更顺畅之后,再到现场去看,又会发现其他的浪费之处。每去一次就设立新的标准以避免浪费,这就是丰田的"改善"方式。

通常设定好消化的项目,只做一次改善工作就结束了。但是如果采用丰田的做法,将不断发现浪费之处。这本书中写道:"浪费会以不同的形态出现。浪费是会进化的。"一旦消除了浪费之处,它就会改变形态再度出现。丰田实行的就是将进化的浪费再次摘除的做法。不断重复这种过程,就会创造出更好的环境,这就是丰田的改善方式。丰田甚至让改善这个词,以"KAIZEN"(改善一词的日文罗马拼音)的形式成为世界共通的术语。

当然有人会想要一次做好流程计划,不过计划流程需要相当的经验与知识的积累。经验知识的积累,要从以规划力的视角观察事物的过程中获得。

如果没有辨识流程规划好坏的能力,参观丰田的工厂就跟小学生去参加社会课课外教学没有两样,仅止于"原来是这个样子啊!"就结束了。**然而若从规划力的视角去观察,就可看出A工厂与B工厂在安排规划上的差异。如此发掘出的东西会成为你的经验,增长你的见识。**

这种发现从何而来呢?就在于从规划力的视角去观察事物。欣赏绘画时,拥有多少知识很重要。知识并不会干扰你欣赏名画。知道各种相关背景,反而会让你更加了解绘画的奥妙。

观察事物时也从"透视步骤顺序"的角度出发的话，应该会有许多发现。这些发现将累积成为你的见识。这些见识由于观点非常清楚，会宛如整理过的箱子般，不断将许多经验系统地积累下来。以这种观点多去观察良好范例，个人吸收得就会越来越快，收获也越来越多。

这在丰田的系统中亦可得见。

对某项工程进行改善是每家公司都会做的事。但丰田的做法不止于此，还会在其他生产线或工厂平行展开同一项改良工作。有了试验改善计划的地方，就会有空间思考更好的改善方式。

丰田对整个集团都实行这种做法。只要某个关联公司实施了优良的程序改善方案，就会立刻将信息发布出去。其他的关联公司并非照样模仿，而是绞尽脑汁设法超越。不仅是横向展开，对改善方案精益求精的风气，已经自然地根植于丰田企业中。

总之，只要某个单位实施程序替换案，使流程更加顺畅的话，便会立即影响到其他部门。而且其他部门并不是照单全收，而是根据业种加以调整活用。改善方案螺旋式上升的旋风，拉抬了整个集团的水平。

调整既有的程序

调整并加以运用的能力，是规划力的要素。规划力原本就是不限领域而皆通的。若是只能运用在雷同的工作上，就显得太狭隘了。只要稍微做一点改变，就可运用在自己的领域上，这正是活用规划力的极佳方式。

拙作《"能干的人"和别人哪里不同？》中提到了"三种能力"，叙述"模仿力"（偷学的能力）与"规划力"息息相关。偷学的目标大都是做事的步骤。偷学步骤，就等于偷学技术。话说回来，偷学通常并非全盘照收。要能配合自己原有的脉络作调整，才算真正偷学到技术。调整后的融会贯通，正是规划力的关键。

以身体运动为例，自己的身体素质就是脉络。自己的身高、体重、体力，或某些运动经验等，这些脉络累积交织成为自己的身体。开始从事新的运动时，必须调整旧有的模式。例如打网球的人改打乒乓球时，会像在打网球一样动作很大。拥有这种脉络的人想打好乒乓球，为了把球打进乒乓球台的小框内，就要将适合自己的特殊练习加入训练计划中。

只要了解自己的特质，就能编排出良好的训练计划。不只照搬技巧，还要把从外面吸收的东西重新做调整，才能顺利发挥并拥有特色。在丰田公司，连机械维修也是自己人完成的。

在改善工作方面，拥有自行操作机械设备的能力很重要。若每次发生问题或想到改善方法时，都要叫设备厂商的技师来，不仅花时间也浪费成本。当天的问题当天解决，是丰田的规矩。

共立金属工业的坂口政博社长虽是文科出身，却一手包办了大部分的改善方案。他轻松地表示："只要会切割钢铁、做简单的熔接，就可以完成大多数的改良工作。"在公司内培养机械方面的人才也很重要。

总之，丰田式的做法还包括凝聚各种巧思以便让机器更好用。一般是配合机器去工作，然而丰田却以工作程序为先，让机器去配合工作。并且不是一直换购新机，而是将现有的机器熔接、加工，改良成更好用的机器。机器原是功能固定的东西，但丰田却抱持不同的看法。

预设交货期可避免浪费

丰田式的思考，更是值得赞叹。

厂商对四处寻找零件、抄写传票等作业曾经表示："这些作业并无附加值，但可能是工作流程中的必要作业。"抱持这种想法工作是无法有所改善的。

要认清没有附加值的作业就是浪费——这种说法也许露骨，却是一针见血。既然认为找零件、抄写传票的作业没有附加值，却是必要的作业，做的人当然会觉得是在工作。然而，收入却没有因此而增加。我的意思是重点不在是否有工作，而是在于能否赚到钱、得到附加值或利润。

几乎所有的误解都发生于此。尽管自己是在工作，但你的工作是否产生了利润？企业的想法是员工业绩若未达到他个人年收入的三倍，就没有雇用这个人的价值了。公司运营要花成本，员工若无法赚取所获薪资三倍的利益，就不算做到自己分内的工作。当被问到"你一个月是否赚取自己薪资三倍的利益"时，你能肯定地回答吗？随时抱着这种危机意识，就是丰田式的做法。

丰田式系统的主张之一，就是交货期主义。以前是事先大量生产，留置仓库，等有人订购再出货。然而大量生产、大量消费的时代已经面临转变，以往的做法可能造成库存的危机。现在只有在接到订单时，才配合交货期去生产必要的产品，可以说是很有效率的做法。

总之，就是不能浪费。不造成大量库存的做法很重要，每天大量生产同样的制品，感觉有在工作，却只是造成库存滞留，并未获利。不仅如此，还花费原料费、占用仓库的空间，仔细想想反而可能是一种损失。**因此没有工作时要静待机会。等订单进来后，再配合交货期倾全力运作。这需要更优秀的规划力。**

丰田的交货期主义，是规划力的一大关键。差别就在于观点不同：一个是大量制造备用品，再从中挑选、整合；一个是仅针对某种要求，做出必要范围内最少量的东西。

写文章也是一样。不熟练的人会拼命查各种资料。就像以为制造大量零件就可做出产品一样。等到真正要写时，才发现都是些无用的"库存商品"。堆得像山的影印资料，结果用到的可能只是极少一部分。这样一来，费时费力查出成堆资料的努力与时间，大半都变成了徒劳。

越不习惯的人，越容易绕远路。简言之就是规划的能力不佳。然而若有自己的最终目标、对方要求的截止期限，即交货期，那么就可以从交货日期倒推回来，掌握住重点而不致于造成大的失败。如此就能将沉睡在仓库或图书馆角落的资料放到后面处理，决定出必要的资料的顺序，从而使产品大致完工。

假设把论文当作是产品，去芜存菁的作业就是一种生产。创造性的工作，其实是从精巧的规划中产生的。脑中若没有清楚的计划，便无法着手创造性的工作。所谓创造性的工作，就是会产生附加值的工作。**应该将精力灌注在能产生新价值的地方，在无法产生价值的事前准备上无论做多少努力，也无法体现在结果上，这种情况的话就不能称之为工作了。**

有人说丰田的生产方式是非人性、扼杀创意的，其实正好相反。在生产某项产品时彻底摒除浪费，就可将剩余的精力灌注在创造性的活动上。有确切的构想、清楚的步骤，采购原料就不会浪费，库存就可减少。省去买进多余材料的时间与金钱，就可以将精力集中在提高质量与严守交货期上。能在确保质量、遵守交货期、控制成本这三点上保持高水准，是更新了程序的缘故。

这种想法也适用于其他工作。**交货期这一观念非常有效。如果没有必须在某个时间之前完成的时间限制，就很难做到改善。有了交货期限，才能避免各方面的浪费，循序渐进地达成目标。**

所谓的交货期就是一种时间限制。如果作业没有时间限制，就不会有好的规划。先设定适当的时间限制，正是规划上的重要步骤。

设定无法简单达成的目标

最近经常出现Cost Performance（本益比）这个词。Performance就是实际产生的成效、效益。本益比就是相对于效益所花费的成本的比例。以本益比来看，与其花费庞大成本而获得相当的效益，不如以廉价的成本获得中上程度的效益为佳。质量当然重要，但本益比在组织规划上也很重要。

很多学者认为时间与能量是无限的。在一个主题上钻研二十年会受到赞扬，就是很好的例子。不过真正优秀的学者不需要这么长的时间。当发现新主题后，就会不断加快研究脚步。研究一个主题时，会不断发现新的问题，结果就是针对一个主题钻研上二十年。这不是拖拖拉拉的二十年，而是不断琢磨、以适当方式追求本益比所形成的循环，是极具创造性的。

《丰田改善力》有趣的地方，是一开始就把目标设为成本减半。一般情况下会从削减成本的一两成开始着手，然后想出各种细致的提案。但实际上，要削减一两成似乎也非常困难。

稻盛和夫在《仕事学》中提及，松下幸之助对因要减三成价格而伤透脑筋的员工说道："想想看改为半价如何？目标设在减三成价格，只会想要东扣西减；若设在半价，就必须从根本上设法修改，反而轻松。"语毕他就笑着离开了。

"轻松"不是重点，不过我很赞同这种看法。将目标设定在无法轻易达成的"半价",就必须去质疑之前的常识,而这就是突破瓶颈的方法。只想削减一两成价格,就不会动摇到主要的架构,只是做部分的修改。但若将目标设定在半价,就必须从根本上做全盘的改变。在此过程中,就会发展出迥然不同的体系。虽然是一步步缓缓进展,但作为形成动机的原动力,这样极端的做法的确是很好的建议。

最近,研发部门似乎在相当积极地实行这种做法。局部改革这种些微的调整,无法让构想产生根本性的改变。设定一个不得不推翻之前想法才能达成的目标,使之成为原动力,就会想出以往从未有过的方法或手段。

要提高规划力,最好设定一个具有动机的目标,且有相当程度上的困难性。没有设定交货期限与本益比,不可能让规划力有所长进。

准备大考或期中、期末考试也是一样。尽管有人认为考试泯灭人性,但是考试确实可以锻炼规划的能力。

福泽谕吉曾就读的绪方洪庵①适塾就有接连不断的考试。并且适塾会公布名次,因此大家都在竞争中努力学习,永远

---

① 绪方洪庵(1810～1863),日本幕末时期著名的荷兰学家、教育家和医学专家。绪方医师悬壶于大阪,并于1838年开设家塾叫作适适斋塾,简称适塾或称绪方塾,前后门生超过千人,是当时日本首屈一指的兰学塾。培育门生人才辈出,又以日本大教育家福泽谕吉为代表。——译者注

处于为了某天的考试而计划学习的循环当中。这种环境磨炼出来的人格并无扭曲，看看适塾毕业的佼佼者就可明白。严格的规划安排，对于创造力与人性并无损害。

从莫扎特的工作态度可以看出，他作曲时的步骤精确得可怕。维瓦尔第、巴赫也是如此。他们不断作曲，数量惊人。若是规划安排不佳，是不可能办到的。而且，他们的音乐并未因为数量多而缺乏灵性。有些人认为按部就班与人性、灵性相左，这是错误的看法。

建筑家安藤忠雄深具创意的规划力

印象训练即为规划力

建筑家安藤忠雄就是拥有卓越规划力的人之一。根据朝日新闻社刊登的采访报道（2003年6月1日），14岁时家中房屋的增建，是安藤日后立志成为建筑家的原因。当时给木匠帮忙让他觉得非常快乐，高中二年级的时候参观帝国饭店，也令他感动。之后，由于无法读大学，他19岁时一整年足不出户，每天从早上9点学到次日凌晨4点，研读了许多知识，以自学的方式用一年的时间学完了大学四年的课程。

接着，他攒下打工做设计挣来的钱去周游世界。从西伯利亚到欧洲、非洲，以及亚洲的印度、泰国、菲律宾，他以每天步行的方式走过这些地方。一天15个小时都在走路，如果看到一栋建筑物，便会一路上反复思考这栋建筑物，直到走到下一栋建筑物为止。之后，他认为大脑吸收知识的能力只能维持到35岁左右，所以拼命地学习，据说现在他要以年轻的心态工作到80岁。由此来看，他的人生规划确实做得很好，从头开始打造良好的地基，不愧是建筑家的做法。

在思考规划力的时候，建筑就是最具象征意义的东西。安藤一天走将近50公里，一路上都在思考建筑的事情。边走边思考是很有趣的事情。

他在受访中表示："正是通过在脑中思考建筑的训练，让这辛苦的旅程得以完成，现在也成为我非常重要的能力。建筑就像书一样，只有看得懂的人才能够真正了解，所以思考训练是必要的。"安藤应该就是在脑中做过思考建筑的训练，所以才锻炼出了规划力。

所谓规划，就是事前在脑中想出事情进行的顺序。如果省略这个步骤贸然进行的话，结果通常都不尽如人意。好的运动员应该会对下一步的状况作出几种设想。打网球时，对方发球过来，球朝正手方向或反手方向过来，各应该作出怎样不同的处理，选手应该都做过这些模拟训练。如果完全没有做过模拟训练，即使集中精神等待对方发球过来，也无法及时做出反应。从这点来看，能够过电影般地在脑中进行模拟的能力，比在实际的纸张和计算机屏幕上描画更具实践性。

安藤在近50公里的行走当中，应该一直在思考之前看到的建筑物，思索如果要由自己来建造的话，应该如何进行，进行的顺序又如何。换句话说，就是从完成的阶段开始，逆向推测建造过程，在脑中完成建筑程序。从结果推测过程，在脑中进行多次验证的训练，因此当下次自己在工作的时候，过程和结果马上就能联结起来。这就是印象训练，也可说是规划力。

从手工作业的层面来看，规划力更具有印象训练的强烈特质，在脑中会去思考事情发展的前后演变。安藤曾明确说过自己进行过这样的训练，由此可知，他一直非常清楚自己在做什么。他对人生的经营就是非常具有建筑特性的。建筑师从成果想象过程的这一看法，可以说是最适合锻炼规划力的训练。

从与现场的对话中获得新构想

安藤在进行规划的时候，一定会做的就是与现场对话。"设计"是即使没有实际到现场去看，也能够做到的。但安藤在他的《安藤忠雄连战连败》一书中写道："在过去毫无任何接触的地方，感受不到'要在这里盖房子'的真实感，也没有力量去构想。"

也就是说，去一次现场与建设用地对话，就能了解城市发展的脉络。虽说一样是城市，京都和东京的形成过程就有所不同。发展脉络就是演变的过程，只要到现场，就能切身体会当地特有的演变过程。

在经验积累的范围里，大脑能够模拟规划。这块地适合何种颜色的大楼，如果以感官去实际感受周围的环境，瞬间就能感受得到。了解"脉络"就是如此。

只看到现在要做的"点"的人和能够看到"点"周围的相关"脉络"的人，他们的规划能力是不同的。如果只根据目标中的事情去安排计划，那么完成的时候只是满足了自己，与周围却并不协调。

因此，要想自己做规划的话，即使是一次也好，亲自到现场了解是非常重要的。这么做看起来效率不高，但能够比预想发现更多的事情，掌握更深的"脉络"，对规划的进行会有很大的帮助。现场是经常变化的，所谓"百闻不如一见"，正是如此。

我当初来到东京的时候，对于房地产完全不了解，在租房的时候，不知道要用什么条件来判断房子的好坏，所以只因为看上房子"SUNRISE"的名字就租了下来，结果却住进了只有早上阳光才会照进来的阴暗房间。如果当时至少看十多家的话，相信我会做出不同的选择。即使一开始看两三家就觉得不错，但如果再多看几家，就会找到更好的房子，到时候一定会觉得一开始时满意的房子一无是处。

总而言之，我们的经验知识多了起来。如果判断房子的好坏有十个左右的基本项目，不熟悉的人只会看自己在意的三四个，但其实一边在现场看，一边增加判断的项目，这才是正确的步骤规划。

例如，碰到第五家的房间格局非常好，因为明白这样的格局便于使用，所以就会增加一个对格局好坏的具体判断项目。如果去到一个光线好的地方，就会以此为标准，增加一个判断项目。**重要的是，要去现场看房子，根据积累的经验增加自己心中的判断项目。**

去现场的作用还不止如此。前面说过，通过外部的事情来决定框架、设定状况，是将能力激发出来的规划；但亲自去现场感受，可以说就是对规划本身的实践。

听说安藤为了培养自己公司的员工，经常在公司举行内部竞赛，安藤自己也以挑战者的身份，站在对等的立场参加。通常安藤的方案都会通过评选，据说这是因为他拥有其他同事所没有的、决定性的优点。

　　因为不论是什么形式的企划，我一定会代表公司跟客户见面，然后事先去建设用地进行了解。就是这两点。……实际走访建设用地，用身体去感受它和周围的空气，相应地，草图的线自然会一条条地呈现为实物。
　　最后，我觉得，能否以真实的态度去从事建筑业，这一点对灵感、构想力有很大的影响。

亲临现场，感受现场空气，这样一来在工作上就出现了差距。因为在这个时候规划就已经开始了。安藤的这些话耐人寻味。这就是在说，收集大量资料也不如亲身体会一次。如果重视现场所具有的力量，就会亲自到现场直接和客户面谈。如此就会感受到很多东西，也能将这些感受运用在设计上。设计之前，如果能做到走访现场这一步骤，就能激发出自己作为建筑师的设计能力。安藤在正式设计之前，就经常制定这样的步骤。

明确最终蓝图，即可看出规划
　　凭借成本减半的企划目标，丰田汽车公司成功实现了大胆的本益比。以这种方式来树立目标，使得根本性的规划方式也随之转变，这是非常重要的地方。在思考如何规划时，是从局部改动开始做起，还是从最根本的想法开始改变，这其中有非常大的差异。

所谓目标的树立方式，换种表达方式来说的话，就是主题与概念。对自己而言，主题是什么？主题的核心、想法，以及概念又是什么？目标蓝图，最后看到的画面、印象是什么？这些都是决定之后如何规划的重要因素。

建筑领域中，主题性是非常明确的。例如在设计京都车站时，如何掌握古都京都的城市发展脉络，以及对此要采用何种主题，这些都是紧密相关的，这就是主题性。对于西洋建筑的主题性，安藤忠雄在《安藤忠雄连战连败》一书中如此写道："以石头、砖块堆积出来的西洋建筑的历史，在于如何反抗重力以获得内部空间量；如何堆砌石头，形成空间；如何在侧壁开大口，以便有效引进光线。这些挑战所积累下来的，可以说就是值得敬佩的西洋建筑的历史。"

安藤忠雄在看到建筑家勒·柯布西耶的作品，瑞士的朗香教堂时，发现在那里展现的是"光影戏剧"。他受到这栋建筑的启发，在如何创造光线空间的主题下，于1989年在大阪建造了"光之教堂"。在昏暗的教堂中浮现出光辉的十字架，这是划时代的设计。虽然不是模仿柯布西耶，但主题却是相同的。

透过朗香教堂，我从柯布西耶身上学到的，不是形状的问题，而是仅仅通过对光线的追求就能够成就建筑的这种建筑上的可能性。

仅仅是追求光线就可以成就建筑，这是安藤从柯布西耶身上学到的主题。兴建光之教堂，即使最后建造的是不同的建筑，但在"光影戏剧"的主题上也有共通的地方。这就是间接的引用，也就是组合变形的力量。即使主题是盗用自他人，但经过自己身体和感觉所表现出来的，自然就会变形。安藤更意有所指地说："然而，朗香教堂和柯布西耶所呈现的丰润的、感官上的光线空间，是由建筑家自身的本能所创造出来的，绝不是可与他人共有的，可技术化、普遍化的东西。这是与柯布西耶本人紧密结合在一起的东西，我从未想过要尝试直接引用。"

让主题变形的力量，是创造的重要部分。变形本身就是一种规划，这是非常重要的地方。

通过限定材料唤起创造性

根据安藤的说法,建筑的乐趣在于条件受限。

建筑师对于自己的建筑概念的实现,以及地理条件、力学条件、技术条件、法规限制、经济限制等各种现实条件,会加以整体考虑,并找出最好的答案。在双方的角力中,赋予概念实际的形状。

这就是进行规划时的重要过程。首先对于自己想做的东西要有理想形状,如果没有,计划就很难推进下去。但是这个理想有各种限制与条件。擅长收纳的人首先脑中会有整理后的画面,从此逆向推演,配合现实中各家不同的条件和限制,思考如何进行。换句话说,也就是从两边慢慢找出接合点。一方是某种理想,另一方是各种现实条件,在双方的角力中所产生的就是形状。

在这层意义上,建筑可以说是一种象征。虽然有过理想与现实对立的时代,但真正的思想却是在两者的角力拉扯中诞生的。**创造性与规划力并不互相矛盾,反而是规划力会提升创造性**,这种事例在丰田式做法中就可以明显看出。

以建筑的例子来说,技术革新与生态环保是对立的,但实际上在建造环保型建筑时，就需要有高度的、最先进的技术。安藤表示："高科技，也就是技术的进步，才可能将环保型建筑的概念付诸现实。"

他在运用日本建筑旧有的通风方法，或是在有效运用水循环等自然资源方面，都会使用计算机模拟实验等尖端技术。也就是说，技术和事先规划所带来的好处，跟创造性和环保观念并不会互相矛盾。安藤所强调的，是正因为有这些条件存在，所以会比较容易诞生具有创造性的东西。有趣的是，为了唤起创造性，居然也有限定材料这种方法。

> 有时会因自己而使做法受限，在克服这种不顺的过程中，能够获得许多可能性。

例如，在西班牙建筑家高迪活跃的时代，埃菲尔铁塔所象征的钢铁、水泥等现代工业材料已经出现了。但高迪却勇于使用过时的石头与砖块，追求采用加泰罗尼亚当地固有传统工法的建筑。通过在地方风土或技术限制下的实施，产生了某种创造性，因而最终诞生了圣家大教堂。

这种想法的效果出乎意料的好。在规划的时候，有从蓝图出发和从材料出发的两个方向，但有时通过限定材料能够清楚看出处理事情的顺序。简单地说，**如果清楚知道自己手上持有的工具，并加以活用，就可以提升工作效率。总而言之，就是要熟知材料。**

安藤的做法是以钢铁、玻璃和水泥为主要材料，以几何学构造完成建筑。他表示："我想以任何人都会运用的材料和方法，创造出别人无法创造的建筑空间。"这也是他对自己的挑战。如果可以使用多种材料，建筑的变体也会增加，但是他却舍弃这种做法，以限定材料来确立自己的风格。这和高迪创作圣家大教堂的规划方式是相同的。

以限定材料来进行规划，需要非比寻常的创意。例如《铁人料理》（日本富士电视台系列节目·1993—2002）中，就可清楚看出两位厨师规划力的高下。节目中除了限制时间，也限定材料。假如比赛主题是"青椒"，厨师就必须在每一道料理中使用青椒。这种节目设计的主要目的，是借由材料的限定让某种创造性和创意能够清晰地展现出来。

如果可以自由选择材料，厨师可能会做出自己的拿手料理，如此对厨师来说缺乏惊奇，也不容易对自己进行挑战。此外，如果各自可以自由使用材料，就很难比较出手艺的高下。

但是，如果规定全部的料理一定要使用青椒，从前菜到主菜、甜点，厨师在每一道料理中都要发挥出材料的特性。这需要相当的创意，与其他厨师的差异也能够清楚体现出来。这就是不方便的制约，但也就是在这不方便当中才能激发出创意。在限制中产生创意，这才是真正的规划力，是专业的规划力。

我对学生就运用了这样的方式。要求他们以限定的材料设计课程，这时每个人的策略和风格都会一清二楚。借由材料的限定，自己也可学习如何提出创意，能够清楚了解自己的风格。

当然，也可以决定主题和概念后，再让学生设计课程。"请设计能培养小孩阅读能力的课程"，这是从主题出发的课程设计。这时候，能够培养阅读能力的材料有哪些？要从绘本开始着手，还是漫画或短篇故事？可运用的材料有很多。

但也可以规定材料，由他们自己决定主题和概念。从两边开始进行，才能了解什么是真正的课程设计。

所谓设计，就是融入自己的创意，在最终蓝图和材料之间搭建相连的阶梯。对于明确了解自己正在做什么的人，这是很简单的，但对于不知道状况、不明白自己在做什么的人来说，规划作业是不会有丝毫进展的。

换言之，**通过限定主题或材料的方法，在一方固定的情况下进行作业，在此过程中能了解到自己的工作风格和类型，**

而且也可以和别人作比较。

　　建筑师拥有自己拿手的材料是可以理解的。只使用木材的人便会使用木材。安藤的作品几乎都使用铁、玻璃和水泥，很多时候只是尽最低限度在人体碰触的地方使用木材。这是一种风格。像这样限定材料，规划力也会随之改变。

　　为了锻炼规划力，可以在某种程度的限定中进行训练。

3 从酒店重建案透视缜密的规划力

站在撰写工作手册的一方

在思考规划力的时候,酒店也是很好的参考。如果站在房客的角度,会想到建筑和里面的东西,但酒店的本质不在建筑,而是让酒店能够运作的规划力。例如,每个酒店都有洗手间,如果清扫洗手间的程序安排得不好,或是少了一个步骤,就会使这个酒店的品质降低。锅炉房的工作人员执行作业的顺序少了一步,客人的抱怨会蜂拥而至。在酒店工作的每一名员工的技能都是规划力,这些规划力的积累成就了酒店的品质。

在描述倒闭酒店重建的《酒店计划》一书中,作者对于酒店管理这类规划能力的积累着墨甚多。作者洼山哲雄在大学时代就立志到酒店工作，曾经考取美国康奈尔大学酒店管理专业，虽然通过了专业考试，但却因为没有实践经验而名落孙山。因此他到日本帝国酒店客房部做兼职，实习第一天的工作就是打扫洗手间。

他在这里彻底学到了清扫洗手间的方法，因此即使是现在，在清扫洗手间方面他仍自信不会输给任何人。当时负责教导他的，是一位名叫户谷的前辈，据说虽然有橡胶手套他却不戴，直接用手去洗刷马桶。他说如果戴橡胶手套的话，会不知道污垢是否真的刷掉了，用手指亲自去触摸的话，能够真正感觉到污垢的存在。

洼山在那里学到了清扫洗手间的步骤，精通了这件事之后，对洗手间的清洁工作就有了信心。接下来就是一个一个地增加规划部署的技能。洼山负责的下一个工作是清扫客房，这也是需要专业技能的地方。

用吸尘器清扫客房时，首先要脱下鞋子，从里面一边后退一边清扫，如此才不会留下脚印，房间也会清扫得很干净。连墙上挂的画后面和柜子的里面都要擦干净。有人会认为这过于挑剔，但我们要将房间彻底清理到这种程度。客房是商品，所以为客人将房间保持在最完美的状态是我们的工作，这种可以说是过分的专业意识在这里时刻都感受得到。

由于这个经验，至今洼山对房间的检查仍然非常严格，据说只要发现一点点小污垢，他就会要求员工全部从头来过。

并且，洼山的学习方式也非常有步骤。帝国酒店的工作是从下午4点到晚上11点，为了利用空余时间学习连锁餐饮经营，他从早上7点到下午1点的时间是在麦当劳打工。

在麦当劳接触到美国企业的工作手册，让洼山觉得惊喜连连。例如，奶昔的制作机器每次都要拆解清洗；薯条和汉堡做好后，经过一定的时间就要全部丢弃。为了长期保持一定的品质，详细的工作手册已做好了各种规定。因此他对于如此构思工作手册、如此经营企业的美国更加向往了。

在此值得注意的是，洼山刚开始就把自己放在了制定工作手册的位置。如果只是听命于工作，应该不会对制定工作手册的国家产生憧憬。他是为了学习连锁餐饮经营才去打工的，所以虽然是在麦当劳打工，但实际上是在学习美国企业工作手册的构思与制定。

工作的时候**不要只是听命于工作，而是要站在构思制定**

工作手册的立场，预测整体状况的发展。这就是偷学工作手册的能力，也就是偷学规划的能力。从制定者的角度来看，工作手册是智慧的结晶。打工却能预见整个工作手册的制定，这种人就像洼山一样，将来一定会成为经营者。

工作背后惊人的专业规划力

  经营酒店本来就必须知道非常详细的程序步骤。

  经历过在帝国酒店的实践后，洼山如愿获准进入康奈尔大学的酒店管理专业就读，其课程是完全合理的。

  例如大学中有一门称为肉类科学的课程，是要学习有关肉类的所有知识。首先参观屠宰现场，学习到对各部位的肉都必须好好使用，不能浪费的道理。接着学习肉的脂肪和肉质等知识，比如肉的脂肪分为几种，加热之后会有何变化，适合何种料理，他一边看着教授用手分切肉类，一边广泛地学习相关理论知识。

  此外，从食物库存管理到订货、用量预测、药剂控制、票据的写法、盘货方法、食材管理方法等等，都要从食品成本的角度彻底学习。

  在建筑学上，水泥、水和沙可以保持建筑的强度，根据它们的比例可算出建筑强度，学生要学习的就是这个计算式和检查方法。对于隔热材料的效果，也有课程教学生如何计算房间温度每升高一度所需的热量。

酒店让人联想到的就是住宿和餐饮，而客人一年365天中的24小时都交给饭店负责，因此酒店管理专业应该学习的，不夸张地说涵盖了与生活有关的所有层面。所以如果没有事先学好所有领域的知识，在工作上是无法应付好所有要求的。

除了这些课程之外，针对接待顾客的方法及投诉处理也有实习和讨论课程。课程每天持续到晚上10点左右，作业量有如山高。康奈尔大学的酒店管理专业教授的就是美国式管理方法，据说与MBA（工商管理硕士）极其类似。分切肉类、学习水泥和水的比例，这些都是非常具体的事情，简直是魔鬼规划。如果一所大学能够教给我们这么多东西，那么是值得花钱去读的。

洼山在酒店学习工作的方法，就是锻炼规划力的过程。从康奈尔大学毕业后，他便进入纽约的华尔道夫酒店工作。这时他负责的是宴会业务，每天都从早上8点工作到第二天凌晨2点之后。宴会分为早、中、晚和午夜，会进行到凌晨1点以后。

如果等到整个宴会结束，就要超过2点了。在那里举办过许多聚会。据说在福特和卡特竞选美国总统期间，华尔道夫酒店的宴会厅就曾作为会场举办过相关活动。

宴会业务是要担任宴会分析的任务，必须对顾客、出席人、预算等各方面做出分析。这不是单纯的跑业务，如果不会拟订计划、自己写菜单的话，是无法获得肯定的。因此一旦我在新的烹饪书籍中发现可用的菜色，就立刻跑去和厨师商量，看看能否做出这样的菜肴。如果可以的话，就马上询问顾客，提出新的菜单构想。

这非常辛苦。所以他回到日本从事柜台工作时，就觉得非常空闲。的确一提到宴会业务，人们通常不太了解工作内容是什么，但如果是要管理顾客和预算的所有细节，甚至连餐饮都要准备的话，这就需要惊人的规划力。这也是这份工作令人慑服的地方。为了使来访的人都能快乐舒适地度过这段时间，就要扛起背后所有的事前准备和规划，这才是专业人士的工作。

因此像样的工作是有步骤和过程的，安排得好的话，整个流程就会非常顺畅，所以才能令接受服务的人愉快地享受。

同样地，酒店为了让客人舒适愉快，会在背地里准备作业，也就是在背后的规划上投注很多心力。有的酒店从门卫到服务生、客房部，所有人都让客人觉得舒服。客人的一个要求，会顺畅地从一个人传达到每个人，与其说是每个人的性格很好，倒不如说是工作的规划训练做得很好。

勿忘以俯瞰的角度看事情

当时洼山对经营最顺利的国际连锁酒店——万豪国际酒店的养老金制度进行了解读，然后找出问题点，留下优点，并针对问题点进行了改善，以这样的方法创造出新的养老金制度。从清扫洗手间这一起点开始，他就一直记得要以俯瞰的角度来看事情。这就是锻炼规划力的秘诀。

以下是一个极具象征性的小故事，是洼山在夏威夷的新大谷酒店工作时发生的。

由于酒店内日式餐厅的厨房很热，员工们要求进行改善，他便立刻到厨房视察。通常这个状况会让人想到是空调的马达出了问题，但洼山拿出设计图，对整个酒店的空气流动情况进行了调查。

结果发现原来是在餐厅从九楼搬到二楼的时候，没有重新设计现场的空调气流，厨房的空调发动机反将随着气流过来的热气吹回了厨房。洼山把厨房的发动机拿掉,结果整个空气流通变得顺畅,厨房也变凉快了。

  有点想振臂欢呼胜利。……在听说厨房很热的时候,我没有把问题原因都集中在发动机上,而是把它看作整个酒店的问题,最后顺利地解决了问题。我没有考虑太多就决定要检查气流,从这件事来看,我好像比较适合从事酒店行业。在通过这些小事积累经验的过程中,自己慢慢发觉做酒店人比较适合自己。

  不是发动机的问题,而是酒店整体的空气循环问题,洼山着眼的地方就非常有步骤性。规划力就是掌握整体的预测力,只会着眼其中一部分的工作狂是做不好规划分配的。洼山觉得自己适合酒店的工作,而且也深具信心,这是一个正确的判断。总而言之,他知道自己拥有规划力。

  之后,他参与了北海道温莎度假酒店的重生计划,以打造出理想的酒店。根据他的说法,高级酒店必须在每个细节都有所坚持。例如酒店内的花一定要全部用鲜花;利用IT技术降低采购成本等,并且进行空运;注意选播音乐,配合时段、气候、季节播放不同的背景音乐,等等。

对于在SPA时所使用的浴袍，我们在材质上也有所坚持。大家说埃及棉的纤维长，所以触感很好，但在吸水性方面就多少有些问题。英国酒店的浴袍以材质好而闻名，但这是因为长期的殖民地政策，才使得最高级的棉花能够供给英国。即使我们无法做到和英国一样，但也用了足以媲美的棉质材料制造浴袍，希望客人都能实际体会到我们酒店浴袍的舒适触感。

最高负责人连浴袍的材质都很了解，这便是酒店的强大实力所在。洼山对浴室备品也很在意。

我们反而很注重男性剃须刀的剃须效果。剃须刀的锋刃会接触到肌肤，所以我们准备刀锋最薄、刮除得最干净的产品，将对肌肤的伤害减至最低。因此客人剃须后就可以感受到最舒服的感觉。

的确，对剃须刀需要有所坚持。我常在住酒店时刮得满脸是血，第二天早上演讲的时候，真的非常尴尬。因为不敢用酒店的剃须刀，所以我几乎都自备剃须刀。

并且，洼山对床的弹簧也有所坚持。他将大约400个房间中所有的床全部废弃换新，因为据说如果在酒店的床上能够比在家里多睡一小时，就会有幸福的感觉。他也很注重床单的使用。在容易出汗的夏天和寒冷的冬天，更换床单可以得到更高的舒适性。

此外，为了接待住宿天数较多的客人，他在房间设置了开放式衣柜，在小冰箱里放的不是罐装啤酒，而是瓶装啤酒。因为据说瓶装啤酒比罐装啤酒好喝。

总而言之，洼山注意到的是非常细微的地方，连床的弹簧、床单、浴袍的材质都有所坚持。但是，这不是有关兴趣的问题，不是刚好对浴袍感兴趣，或是刚好喜欢音乐。从棉的材质到食材的采买，以及酒店的建筑和员工的养老金等等，他都能够一把抓，正是因为拥有惊人的规划力。

酒店是享受整体服务的流畅和舒适的空间，所以规划力是决定因素。就如同血液般，从浴室备品到服务，如果所有的程序都畅通，酒店就能流畅无阻地运作。**酒店是积聚了规划力而构建的场所，如果看得出这一层，就很容易判断它是否为一流酒店。**

酒店的一个房间，甚至房间内的一个茶杯、一张床单、一支剃须刀，洼山都能详知透彻。如果用他那种凡事执着的想法来看事情，应该可以实际感受到规划力的神奇奥妙。以这样的视角来看一流的酒店，也是件值得玩味的事。

4 *POPEYE*表明规划力要留有空白

先投石问路再采取行动的规划力

从《论证构成"POPEYE"的时代》一书中,可以看到各种不同的规划模式。日本"杂志屋"发行的*POPEYE*在20世纪70—80年代是风靡一时的受年轻人喜爱的杂志。而《论证构成"POPEYE"的时代》所写的就是它的黄金时期,也就是20世纪70年代后半期到80年代初期,杂志出版业最兴盛时的*POPEYE*。

现在,从事杂志行业的梦想已经完全被经济上的梦想所取代,做完市场调研之后再发行杂志已经变成了理所当然的事。但*POPEYE*创刊的时候,即使做过市场调研,也没有所谓的"POPEYE族"存在。因为就是这本杂志创造出了"POPEYE族"。

如果进行市场调研,起步一定会推迟。执行规划不力的地方就是在真正开始工作之前,花了太多时间在事前的调查上。花费太多时间在不重要的程序上,许多事情就必须延后进行。即使是进行调查,由于调查本身并无基准,所以调查完之后就不知道下一步该如何进行。

与其如此,不如依照整体状况,用直觉判断,先投石问路,看反应如何再采取行动。**也许先尝试才是执行规划的正确做法。**从尝试中积累经验知识,以后投入较多预算进行挑战时,风险也比较小。

《论证构成"POPEYE"的时代》中所写的正是创办杂志的精粹,即先投石试探。在与自由编辑寺崎央的访谈中,有以下的内容:

采访者　……在国外的采访看起来好像特别细致用心。

寺崎　事实并非如此。我们只是尽量搜集信息,并没有深入探讨。总而言之,就是在短时间内匆忙地采访,搜集许多没看过的东西或事情,例如《啊,是希拉里的鞋店》等等。其实应该花半天时间仔细采访的地方，我们只花一两个小时，拍照、拿取资料，然后就赶往下一个点了。

采访者　……听松山猛先生说，你们在国外采访，一天下来大概走了8个小时。

寺　崎　一到国外，我们就把所有的东西都用照片拍下来，不管用或不用。……如果不是POPEYE，而是为别的杂志工作，要到国外采访的话，摄影师和编辑的工作速度是不会这么快的。节奏就像是今天采访完这家店和那家店，工作就可以结束了。但我觉得这样太浪费时间了，如果还有时间，应该再到下一个采访地点。因为不知道以后会如何，所以才想先把所有的东西都拍下来。但是他们只做事先计划好的工作。

采访者　……就是不做徒劳无功的事。

寺　崎　对。我不喜欢那样。我觉得时间宝贵，应该尽量多拍些照片备用比较好。

一到国外，反正就先把所有的东西都拍回来。有的人很有效率，会在去之前先决定要拍摄的东西，但是却不当场决定要用或不用。也许本来是并无新趣的东西，但这些细枝末节的东西有可能做成有趣的报道。就因为要保留这种可能性，寺崎他们在工作上总是活力充沛。

不做白费力气的工作是一件很好的事，但是这些人却敢于做这种事。从规划方面来看，这种做法表面上杂乱无章，但如果把它想成是去完以后不会再去的国外，因而搜集了所有的点子，这也算是一种规划吧。

这本《论证构成"POPEYE"的时代》里有几个有趣的启发。例如他们在编辑版面时会特别注意读者目光的移动，从而进行版面规划。以下是与美术指导新谷雅弘先生的访谈。

采访者　……POPEYE的设计让版面看起来比较大。

新　谷　为了让读者能够快速浏览，特别用了些心思，所以版面看起来可能比较大。当用了大照片，就要想到下一个、下下个要如何编排。就像我常说的"清水流动"一般，要做出一个流向，让这水流到下一页去。因此，要如何跨越到下一页呢？过去我们有一个不变的原则，就是绝对不要切断视线，而现在的人们对这毫不在乎。但是对杂志制作来说，眼睛的引导性是最重要的。如果看起来让人觉得断断续续的，就会给人以杂志比较狭窄的印象。

如果有目光移动流畅这么一个基准，就能决定版面设计的规划方式。POPEYE是以人体工学的生理快感为基准设计的，所以才会让人觉得容易阅读。

此外，他们也不使用版型固定的初版纸[①]。虽然他们有初版纸，但这会使版面变得无趣，所以没有人使用。如同绘画一般，他们将所有的构思展现在白纸上，表现出自由的感觉。这是相当大胆的编辑方式。

留出空间，确定空间的范围

该书中也提到有关会议的事。基本上多数POPEYE的员工都讨厌开会，据说他们聚在一起提出想法的地方，不在会议室而是咖啡厅。有效地利用咖啡厅也是规划的手段之一。在公司的会议室做好准备开会时，气氛总是变得僵硬，大家提出来的意见多于点子。如果是在咖啡厅之类的地方，气氛轻松，脑中想到什么便可以轻松地说出口。在咖啡厅，时间空间上都不会被切割，所以是个工作时可以用到的场所。

有趣的是，听说POPEYE的编辑要自己采访、自己写稿。意思是说，POPEYE的采访工作必须由编辑自己开车、安排协

[①] 此处所称初版纸，是指制作杂志或漫画时所使用的"Layout用纸"，在此特指最基本的、比较程式化、固定版型的纸张。——译者注

调和写稿。现在的采访工作除了编辑之外，还会有记者同行写稿，但是当时这个杂志的编辑是要兼做写手、司机以及协调人员。提出企划的人要自己采访，甚至写稿。正因为当时是这样的时代，所以杂志才显得特别有活力。

即使是有效率的工作分配，也并不一定会有好的成果。做企划的人最了解整个主题内容，而采访的人最了解事情的状况。正因为不会细分负责的部分，而是将整个空间交给一个人去发挥，所以POPEYE尝试过许多新的挑战。

此外，同样由"杂志屋"所发行的BRUTUS，在创刊2号的封面上刊出了在街上拾获的相册的照片。听说编辑捡来的相册里的照片相当有震撼力，所以就按原样刊登在了封面上，并在一旁注明"对照片有印象的人请与本刊联系"。这是个有趣的尝试。基本上只要杂志的概念和处理方式确定了，便可对想法进行自由发挥。偶然的意外也会获得重视。

说到规划，希望大家不要误解的是：规划不是只按事先决定好的路子走，并且除掉了意外带来的能量。POPEYE不但会做好事先决定的步骤，而且时间剩余就尽量多拍下其他地方，因此才会有新奇的意外，在不经意之间产生全新的创意。POPEYE是会给意外留出空间、作风大胆的杂志。**留下创意和意外的空间，是进行规划的诀窍。**

有两个方法可以做到。一个是预留空间。在进行规划的时候，不要塞满所有的步骤，而是要大胆地留下空间。在足球运动中，这也是重要的概念。故意空出无人的空间，利用闯进这个空间的速度将球带向球门。在规划中留下空间的概念也和这个情况相近，因为有空间，所以可以自由发挥。卡拉OK也是一样，将歌唱的部分拿掉留下空白，普通人就可以融入音乐随心欢唱了。

只是要知道空白的部分在哪里，刻意留下空间来做好规划。以足球来说，是由前锋来带领后卫行动，借此空出空间，使队员得以跑进。这就是刻意留出空间的用意。

第二个方法是要确定空间的范围。以写文章来说，如果知道"要写几张""期限是什么时候"，就呈现出一个空间，再由此推算思考要写出什么样的文章。如果没有初步构想，作家是很难写出东西的。

如果事先知道照片大小、会占几行空间，就能配合留下的空间写出文章。但如果只说随便写一些，因为对适当内容的选择和分配会随着空间大小而有所不同，文章也会写得不顺畅。在进行规划时，不要把每个步骤都挤得满满的，而是要留出空间，决定好大框架。

第二章

不畏困扰的坚韧规划力

从时刻表发现"隐形列车"的规划力

"条理师傅"制定列车时刻表的规划力

另外一本描写更有远见的规划力的书就是《准时发车》（三户祐子著）。从许多方面来看这是一本非常有趣的书。这本书一开始首先描写日本的电车能够依照时间表准时发车运行，一分一秒也不差，这在世界上也是非常罕见及惊人的。怎样才能做到如此严谨的地步呢？翻开历史就能得到答案。

根据《准时发车》一书的描写，在明治三十年代（1897年—1907年）火车还是经常迟到的。火车能准时发车、到达目的地，是因为一位叫结城弘树的人。他针对自己所负责的区间，也就是在轻井泽与直江津之间，力求能够准时发车、抵达，这项运动也扩展到了日本全国。今天，中央线以两分钟为间隔，山手线以两分半钟为间隔发车。新干线也是以五分钟、十分钟的间隔不断地发车，但是从来没有出现电车塞车、撞车的情形。之所以能如此顺畅地运行，都是拜时刻表的调度将规划力发挥到极致所赐。

目前的列车时刻表都使用计算机系统进行调度，但是过去则完全仰赖人力。据说以前为了制定列车时刻表，所有人员都会住进旅馆一同作业。也就是说，在设计时刻表的阶段，就已经把将系统做得准确可靠列为考虑条件。

电车的时刻表在时间上日渐延展的同时，在空间上也扩展开来。我们一次只能搭乘一列电车，但是电车公司却必须同时控制大量的电车。因此，这份时刻表不仅在我们搭乘电车的瞬间发生作用，同一份时刻表也控制着日本全国数量庞大的电车。因此在薄薄的一份列车时刻表背后，其实存在着超乎想象、规模庞大的时间与空间。

据说为了制订这项庞大的计划，在过去日本铁路还是国营的时代，铁路时刻表在进行修改时耗时长达两年。换言之，要先把握需求动向，制定方针，制作粗略的时刻表。再根据设备投资计划筹备设备，依照各地区需求进行调整。集结将近一百名相关工作人员，住进宿舍或旅馆一个月，举行制定会议方能够完成。总之作业过程非常艰辛。

在整个作业过程中，最需要的就是称作"条理师傅"的专门制定时刻表的调度员。为什么会称他们条理师傅呢？据说过去他们在制作时刻表时都要画线，因此而得名。在制定时刻表时，如果要突然增加一班特快列车时，条理师傅就会想办法在密集的时刻表中增加一条线，或拿橡皮擦去一班车。因此也听说制定时刻表的纸张必须使用非常坚韧的肯特纸。

解决问题的规划力

由于时刻表是对电车运行时间的分割，因此是一种阶段区分。制定时刻表最基本的构想来自于万一发生问题时，要尽可能减少列车在站与站之间的停驶。这是一种非常精确的阶段区分，而不是只让列车不要相撞那么低层次的问题。时刻表是模拟问题发生时所有可能受影响的电车状况而设计出来的。这种充满弹性的时刻表很容易调整也容易复原。这就是规划力的最深奥之处。

为什么我用规划力来形容电车时间表而不是"Schedule"（计划表、时刻表），是因为我希望读者能清楚感受到列车时刻表可以变通、充满弹性的内涵。清楚而固定的时间表并没有变通性，万一发生问题时，波及的范围会非常大，就好像精密机械的一个零件坏掉便会全部损坏一样。

但是在现实世界里，总是会发生难以预料的意外，一套能够消化意外状况，让整体尽快恢复原状的系统就是所谓的规划力。即使是一套完美精密的系统，如果不擅于处理意外问题也是不行的。这个理论也适用于电气化制品上。如果完全采用按键方式的开关，万一触控面板故障，那么整台机器就都无法运作。但是若采用一个一个独立的力学式按钮，就算其中有一个按钮故障，问题也不会波及其他按钮。因此有些产品在重要的构造上依然沿用传统力学方式的按钮。

换言之，与其完美地环环相扣，倒不如在彼此之间保留某种程度的弹性。也就是说，基本的列车时刻表里面其实早已嵌入万一发生意外时，临时所需的另一套替代时刻表。

在列车时刻表中已经预先将横须贺线—总武线这班直达车在突发状况时，可以在东京车站折返行驶的时间排定在里面。同时也把实际上并未行驶，但为了特殊状况必须运行的"隐形"临时列车班次事先都排入时刻表中。这些"隐形"临时列车会在遇到清明扫墓的客流高峰时，或是黄金周连续休假等突然出现大量运输需求时才会真正运行。面对需求量的增加，需要马上调度增加车次，这是非常复杂的作业。但是若预先排定"隐形列车"，就能随时派出临时列车而不会引起骚动（隐形列车在平时让整套系统得以机动调度且游刃有余）。

"隐形列车"这个名词在日语里有些佶屈聱牙，但重点在于，只要事前预先布置排定临时班次的空间，就能随时派出临时列车。在正常的列车时刻表中，要临时加入一班特快列车很困难。特快列车速度快，临时增加一个班次会导致列车相撞。但若能在事前就安插一班列车的空间，需要时就非常方便。此外，据说列车时刻表每天的内容都不同。

日本的铁道除了每年修改一次时刻表外，其实也订有一套每天都不相同的时刻表。也就是说列车时刻表分为基本时刻表（一年修改一次）与执行时刻表，执行时刻表每天都不相同。例如今天在某处要进行轨道的修补施工，那么某条线路在某个路段必须减速慢行，因此会车或错车的车站也必须随着改变，这样的列车时刻表的修正作业每天都在进行。这类修正工作，以JR东日本线（东日本旅客铁道）为例，一天要有2 000件以上。

越是深入阅读这本书，就越感觉电车能依照时刻表行驶实在是一件了不起的事情。我们在看新干线的时刻表时，很自然地认为不会发生误点的可能，完全依照那份时刻表来安排我们的行程。但其实在其背后隐藏着能随机应变、应对问题的惊人规划力。

能够事先模拟问题发生的可能状况，这是规划力的最高境界。一步一步向上爬地到达目的地是一般程度的规划力，万一发生突发状况，却早已备有一套能恢复运作的系统，这就是非常高层次的规划力了。拥有能消化解决意外状况的规划力，这种能力非同一般。

积累经验与技术方能拥有卓越的规划力

能够吸收解决问题，是因为列车时刻表中有空间足以容纳突发的状况，这样的吸收能力来自于被称为"某某师傅"的各种专家，例如土木师傅、设备师傅、机械师傅、电气师傅、通信师傅、条理师傅等等。正因为这些专家所拥有的技术，方能整合各种要素、技术而孕育出发挥着重要作用的列车时刻表。

列车时刻表之于乘客就像是一份商品说明书，它保证着服务的内容；对铁道公司而言就是一份系统的设计图；对现场的铁路工作人员而言则是一份生产指示书,具体指示该提供多大的运输供给量与质量。因此同样一份时刻表对不同岗位上的人而言就具有不同的意义。列车时刻表是一套基本架构,其周围不同立场的人则按照这套时刻表采取各种细致的分工。

举例而言,日本的列车能准确守时地运行,依靠的是驾驶员们严谨的规划力。驾驶员们在行驶列车时,需随时注意速度、时间、与下一站的距离,因此从东京到新大阪的区间列车才有办法控制在预定时间的正负误差5秒之内抵达,月台的停车位置也能精准到正负误差1厘米之内。另外,在《准时发车》中也有这么一段关于山手线驾驶员的逸闻。

> 我仔细观察他们到底在做什么,原来是在检查列车实际的停车位置和月台前端画的列车停止白线之间的距离。他们竟然会对于列车的停车位置和规定的停放位置差了10厘米而感到不悦。

原来,驾驶员平常就把10厘米当作是很大的距离,把一秒钟当成很长的时间看待。他们在训练身体以感受时间与距离时,会做一项想象训练,也就是所谓"看线"的训练。第一步就是俯瞰轨道,然后从起点到终点,透过看轨道的训练掌握驾驶操作的整个过程。

换句话说，列车驾驶必须详细记录列车在行驶沿线需要注意的每个地方，将轨道的状态与景色都仔细记录下来装入脑中。他们必须在头脑里训练自己，彻底掌握列车行驶的整个区间。这项训练充分运用了感官，因此即使在夜里伸手不见五指的漆黑环境中，也能准时按照时刻表运行无误。下大雨、轨道状况跟平常不同，这都不会影响到驾驶员准时将列车开抵目的地，这需要非常高明的技术。而且他们凭借轨道的声音，以及身体感受到的阻力就能判断列车的速度与列车交通拥挤的状况，完全不必看秒表，这些功夫也非常了得。

这种技能与素质可以说是一种专业师傅的技术。据说驾驶员训练时，必须与指导员同寝同食地住在一起，彻底做好一对一的训练。这套教育系统虽然不是斯巴达式的，但是却是一套彻彻底底的训练。

说到系统，将零件并列而非串列地构建系统，以提升系统稳定性的做法也很有趣。**若将零件串列配置，一旦其中有零件发生问题，整套系统都会受到影响。但是若采用并列或者并列与串列组合，就有更多余力消化意外状况。**

在铁道方面与人有关的作业流程上，其实也采用了并列的智慧。其中最基本的一项称作"指差唤呼"。何谓指差唤呼呢？就是以眼睛确认安全，用手指指出，发出声音以确认的一套方法。相同地，铁路人员一定会复述联络事项，并做记录。

当发生异常状况时，在实际执行复原作业时，现场的作业员为镇静情绪，必须首先做一次深呼吸（操作手册上也写了这一步骤）。然后目视操作手册，以手指操作手册，发出声音一边检查一边进行作业。（最好不要背操作手册，一旦背下就可能产生错误。）确认作业完成后，就先向站长报告。站长接到报告时也要做复述的动作。

重点就在于通过所需的模拟训练，建构出当意外状况发生时能解决问题的规划力。在这套作业中，包含融会了许多的经验与长期积累的各种技术。

② 《肖申克的救赎》呈现的长期规划力

规划意识是取得进步的捷径

斯蒂芬·金的作品《肖申克的救赎》(*Rita Hayworth and Shawshank Redemption*)也是学习"规划力"很有趣的教科书。这篇小说被拍成了电影，影片名为《肖申克的救赎》，因为电影非常卖座，相信很多读者都知道。

小说描写了一位名为安迪·杜弗伦的三十岁男性从大银行信托部门主管高升到副总裁后，因为杀害了妻子与妻子的奸夫而被判终身监禁并入狱服刑。但是事实上他是被诬告的，为了自由最后他终于逃狱成功。整部作品就在描写他如何成功逃狱的策划过程。

逃狱是一个很受欢迎的主题，史蒂夫·麦奎因主演的《大逃亡》中描写的挖掘地洞脱逃的过程也非常有趣。从筹划阶段到执行，都是根据明确的计划进行，因此这些主题都凸显出规划力的重要性。

《肖申克的救赎》一书中最有趣的是男主角虽然人在狱中，但是却逐步提升了自己在狱中的地位。例如他指导一位凶狠的狱卒如何从事投资，最后甚至连典狱长都成为他做投资顾问的服务对象，透过这种咨询服务他改变了自己与狱卒之间看守与被看守的关系。小说中描述了这段安迪免费帮狱卒海利填写文件提出申请，改变两者关系的决定性一刻。

> 我们所见所闻完全相同……我们的感受也都一样。突然间，安迪就转占上风。

凶狠的狱卒腰上挂着枪，手上拿着棍棒。而且他背后还有其他同事与权力作为靠山，但是两个人的关系却完全改变了。书中描写道，"他们两个以男人对男人的立场单打独斗，安迪将狱卒打倒在地"。一般来说，犯人是被管理的一方，但是安迪凭着自己的专业知识为狱卒提供服务，有力地发展了与对方的关系。最后他还在狱中获得了图书管理员的职务。

安迪接手了布鲁克斯的工作，担任了23年的图书管理员。为了改善图书室，安迪运用对付拜伦·海利的意志，将一间小小的摆满了《读者文摘》的选粹本与《国家地理》杂志的房间，改造成了新英格兰监狱中充满松脂香气且通风良好的顶级图书室。

之后安迪又改变策略，他设置意见箱调查囚犯们所关心的事情，写信给读书俱乐部请他们以特别折扣提供书籍，同时也了解到大家对雕刻、手工艺，以及希望拥有自己的卡片等等的爱好及需求信息，因此收集了许多与兴趣有关的书籍。

然后安迪又开始写请愿信给州议会，要求给予图书室预算。这项请愿屡屡遭拒，但是到了1960年，州议会给监狱寄来一张200美元的支票。州议会认为只要略施小惠就能封住安迪的口。但是安迪充满信心，认为自己已经把半开的大门抵住不让它关上了，因此更加努力，原本每星期寄一封的请愿信也增加成了两封。

这正是他很厉害的地方，一旦事情开始顺利发展，他绝对不会罢休。普通人要是拿到了200美元的经费，一定会高兴得就此罢手，但是安迪恰恰相反。安迪认为自己一只脚已经抵住了半开的门，紧接着更要快马加鞭，于是更加频繁地寄出请愿信。然后在1962年他收到了400美元，渐渐地在1971年又增加到了1 000美元。

任何事情都一样，要走到有路的地方非常辛苦。在这之前有一个酝酿的阶段，之后就是一步一步地把路打开。在没有路的地方开辟出一条新路，实现这种质的变化是很辛苦的。但其实质变也是由于积累达到了一定的量，才得以开花结果。请愿信只寄一次并不够，要每周都寄才会有效。

根据书中的描述，安迪从1954年开始寄请愿信，到1960年州议会寄来了200美元。每周一封信，累积下来也是惊人的数目，他寄出的信大概超过两百封。前一百封信没有发生作用，当超过两百封时，对方也终于受不了了，不得不采取一些行动。正因为有了量的积累，才激发了质的改变。

这里很关键的一点是，若能清楚意识到每个阶段的重要性，就能拥有远见并甘愿为之不断努力。**看不到未来却得继续努力是很痛苦的事。但是只要能不断坚持，一定会产生质的变化。只要了解到一点一滴的改变能增大变化的幅度，就有毅力继续坚持下去。**这就是进步的基础。

举例而言，从不会骑自行车开始练习，到了某个瞬间突然就会骑了。这个瞬间就是质变的瞬间。之后只要增加会骑车的那个瞬间，事情就会渐入佳境。"完全不会"跟"做对了一次"

根本是两回事。第一次做对了,千万不要以为那是一百次中偶然做对的一次,必须把它想成只要我重复去做"做对了一次"的那个方法,总有一天能做对一百次。这么一来,就能够预见未来。

如能看清每一步的规划,就能为了一次的成功孜孜不倦地反复练习。一旦产生质的变化,就可以提高练习的频率,从一周一次增加到一周两次。这个习惯能培养并锻炼出让你大幅扭转现实的规划力。

毅力与坚持来自对未来的预见

安迪为什么能改善图书室的环境?因为他希望犯人在监狱期间能读些书,一旦重返社会可以找一份像样点的工作。事实上,犯人中有超过20人利用图书室里的书籍通过了高中同等学力考试。安迪就是把眼光放在这上面,才一而再再而三地不放弃请愿。

安迪也因自己有所作为,而确保图书室成为了自己的房间,进而取得图书管理员一职。此外,他长期协助狱卒与典狱长进行投资理财,为他们指导节税方法、代为申报所得税等等,也让自己在狱中的地位步步提升。

另一方面安迪还做了其他什么事情呢?他买了性感女

星的海报贴在房间的墙上。这本小说的英文书名里的"Rita Hayworth"指的就是海报上的女明星丽塔·海华丝。安迪因为在狱中的地位够高，因此有特权这么做。

　　安迪为什么要贴性感女星的海报呢？因为海报背后的墙上有安迪的计划，他一点一滴地在墙上挖洞。安迪最大的特质就是有毅力。他一点一点地挖，不发出声音地挖，最后终于逃狱成功。不论是争取图书室预算或是挖洞开墙，安迪都展现了惊人的毅力。

　　书里描写了一段当安迪开始写信给州议会时跟同房的囚犯史塔迈斯说的话。

　　　　安迪浮出惯常冷静的微笑，对着史塔迈斯说："如果水泥砖上每年降下一次雨水，经过一百万年你觉得会怎样？"

　　这正是安迪一贯的风格。他的做法其实很简单，先制定战略，也就是排定各个步骤，一步一步展开。在逃狱时也一样，安迪先了解从墙壁的哪个位置往下挖会连接到下水道，然后制定策略的大方向。若不事先调查好下水道的位置，就算滂沱大雨不断打在水泥砖上，所挖出来的通道距离连通到狱外的下水道不是5厘米而是5米的话，结局将会大不相同。

因此一开始是大的策略，换句话说，就是预估是很重要的步骤。之后就是按照策略一点一滴不断地贯彻下去。总有一天，这份努力会改变现状。安迪的努力不是无限制的努力，他知道在哪里开孔光会照进来，因此他能严格按照自己所设定的步骤埋头不懈努力。

能不断努力的最大要诀在于，在执行每个步骤时，不能无端消耗自己思考的能量。不断思考、认真思考是很好的，但同时也会消耗大脑的能量。那些看起来意志极为坚强的人，其实并不是一直在用脑思考，在某段时期他们也只是在做反射性的动作。

安迪默默挖洞的行为看起来是意志力的实行，但其实那也不过是他遵照自己所决定的程序，也就是按照所订下的规划自动地持续工作。在挖掘的过程中人会陷入某种精神集中状态，感觉上像是一种嗜好，因此能习以为常并乐在其中。

小说中也描述了象征这种精神的片段。有一天，安迪送给他的囚友史塔迈斯一份礼物，是一个由石英精心研磨而成的饰品。对于安迪研磨石英这股惊人的毅力，书中进行了如下描述。

> 盒子里装着两块石英，每一块都经过精心研磨，削成漂流木的造型……这两块石英能研磨到这个程度，需要花费多少力气啊？可以想见的是，狱中熄灯后必须经过多少个小时的琢磨。第一个步骤要切割出形状，然后用磨石布无休止地研磨。看着这两件作品，令人不禁深深为人与动物之间最大的差异所感动——只有人类才会为了做出这么美丽的东西而孜孜不倦地工作。然后联想到的另一件事，就是这个男人所拥有的惊人毅力，这一点令人肃然起敬。

目标确立后，剩下的就交给身体自动持续运行，人在不知不觉间会进入一种冥想状态。这时候，石英就会琢磨得越来越美，心情也跟着越来越愉悦。拥有一项嗜好的人应该能够想象，当我们在进行规划过的一个步骤时，大脑其实是处于休眠状态的。在这种状态下人的精神也非常稳定。规划力越强，对未来的预见度越高，作业的过程就相对越简单。

随时注意将愿景具象化

在所规划的工作中，热身是一个重要的步骤。由于安迪在被起诉之前尚有一段时间，他利用这段时间确保了自己的财产。他创造了一个叫彼得·史蒂文的虚拟人物,这个虚拟人物跟真人一样缴税、投资。彼得·史蒂文刚开始只拥有1.4万美元,最后这笔钱竟然增加到37.7万美元。在逃狱之后,安迪运用这笔资金在墨西哥买了一家饭店,从此悠哉度日。这也是安迪的规划中的一个步骤。这真是一段非常有远见的有趣故事,足以为我们在进行规划安排时提供一个参考。安迪含蓄地说道:

> 我只是把我最好的愿望做了最坏的打算——只是这样罢了。那个虚拟人物,是我不想把自己拥有的那么一点资本打了水漂而设计的。我把自己的家产从风暴中解救了出来。不过,这个风暴,是我从未料想到的事,而且,也没想到……这个风暴竟然持续了那么久。

安迪并未采取暴力解决问题,在身体上他欠缺优势。他运用的只是精巧的规划力,这一点就令所有人赞叹不已。说起来这是一本讲述规划力的小说,或者说,规划安排是小说中引人入胜的地方之一,甚至可以说非常感性。

懂得规划也就懂得掌握气氛。约会时如果步骤安排得巧妙,对女性而言是非常愉悦的事情。当然我本身也不擅长,不过懂得如何安排约会步骤的男性可是非常受欢迎的。这可能是因为他们给人可靠的感觉吧。

约会中不知该如何安排而手足无措的男性，会使女人对他的期待完全幻灭。因为女性会认为，这个男人一点儿都不肯为她努力，事前什么都没准备。搞不好这个人不论做什么事都这么手足无措。跟这种人结婚，注定一辈子都得面临不知该如何是好的状况。但是事实上，他可能只是因为专注于工作，没有余力安排好约会而已，这跟女性给予的评价完全相反。

安迪拥有的规划力不是安排一场约会那种小规模的规划，而是规模庞大的规划力，这也是他最吸引人的地方。他想要实现的梦想与愿景非常清晰。他强烈地想要越狱，逃到其他国家，在墨西哥饭店的海滩上享受日光浴。这就是他在牢房的墙上贴上一张女星在沙滩上取景的海报的最大原因。他的目标不是那位性感女星，而是那片沙滩。

安迪一边看着沙滩景色一边在心中描绘自己的愿景，这个道理和小学生把九九乘法表贴在墙上是相同的。他每天盯着那张海报，海报的图就会深深映入脑海成为他习惯的一部分。安迪心中描绘了一幅要在墨西哥度假胜地生活的具体愿景，然后从目标反推回来，只管针对一个个步骤简单地运作下去。

确立愿景，推算达成目标所需的步骤，然后切实做好每个步骤,这是完成一件事情的铁则。但是有很多案例却往往因为做着做着渐渐迷失了方向,而忘记自己为了什么在努力。这样的话当然就只能放弃。一个人若不能随时意识到自己现阶段的努力是为了什么,就成就不了大事。

规划力的根本在于警觉自己是"为了什么目的在做什么"。若失去这份警觉,即使再努力也无法命中目标,努力就会白费。所以要锻炼自己的规划力,就必须说出来提醒自己当下的所作所为是为了追求什么目的。或是将这个目的刻在脑中,或是时时把它当作一个问题去问别人。

举例来说,上司可以不断提醒刚学会工作要领的新进员工:"你为什么要做现在手上的这件事?你认为你所做的这件事最后完成时会带来什么成果?"带人时未必需要一一给予详细的指导,只要经常询问下属现在做的事情有何意义、现在的工作已经进行到哪个阶段就足够了。若把精神耗费在过度烦琐的事情上,会消耗太多精力,导致自己迷失方向,这是最糟的结局。

③ 运动选手超人的规划力

清水宏保"将感觉化为意识,训练敏锐神经的规划"

　　速度滑冰选手清水宏保在接受运动杂志 TARZAN 访谈时,谈到自己在针对"为达成目的而做的努力"进行准备工作时的情形。从谈话中能够感受到他有着清晰的头脑,这令我惊讶不已。据他说,他从小学开始就一直很清楚自己在做什么。

　　清水宏保说,他运用腰部的某种感觉能够加快他的滑行速度,他把腰的这个部位叫作肠腰肌,不过当时也没有人特别指正他的这种叫法。他说他不断地在锻炼自己的感觉,让感觉变成有意识的东西,并借此创造出了一套独特的练习方法。

　　清水宏保说他从小学开始就为自己安排了一套特有的练

习方法。至于小学生怎么能做到自己安排训练方式，他说他凭着一股"让身体的某个部位做怎样的锻炼以便能做到某个动作"的直觉，然后将这股直觉化为明确的意识。

若按照别人安排的训练方式训练，虽然能够锻炼出肌肉，却无法懂得如何运用肌肉。借助训练器械练习虽然能锻炼到所有的肌肉，但是每个部位该如何运用到滑冰上，这种神经回路却难以形成。因此即使每一寸肌肉都经过锻炼，却还是无法掌握该如何运用每个部位、该如何将不同部位联系起来运用到滑冰上。

例如有些零件是预先做好直接拿来安装到机械上，这种零件有时可能发生各种问题，无法启动机器。所以必须配合机器的运转，以及转动的方式来制造每个部位所需的零件。

锻炼肌肉的道理也相同，有针对必要的部位训练肌肉的方式，也有先锻炼周围相关部位的肌肉的方式。观察这两种不同方式的出发点，你会发现最后在运用肌肉时，不同的方式所取得的结果将产生极大的差异。

能仔细意识到肌肉的每个部位的感觉而去做伸展运动或肌肉训练，所获得的效果据说会大大不同。清水宏保就很仔细地去训练自己的感觉，让自己更敏锐。我读到描写清水宏保在2002年盐湖城冬季奥运会中如何奋斗的书《神的肉体　清水

宏保》(吉井妙子著),看到书中对他惊人的敏锐感觉的描写时,我感到非常惊讶。清水宏保谈道:

> 我看到参加比赛时脖子上还戴着项链的选手,心里不禁想到:戴那种东西难道不嫌重吗?我练习时虽然也戴项链,但是一旦参加正式比赛绝对会拿掉项链。就算只增加一毫克,转弯时也会因此觉得沉重得不得了。

在提到鞋子时,清水宏保会说,"系鞋带的鞋子在穿到第五天时最合脚""鞋带孔的位置偏了零点几厘米"。这类平时人们感觉不到的微小地方,清水宏保都因他对肌肉的感受而能敏锐察知。

> 人类身上有些肌肉平常自己完全感受不到它们的存在。例如覆盖在肠上的肠腰肌也许就是其中一例。因为感受不到,所以也不会去锻炼它,不过只要能将注意力集中在上面,就能锻炼出非常敏锐的感受能力。……一旦经过训练,肌肉纤维就会变粗,或者说是面积变大,很容易就能察觉到微妙的感受。

经过不断训练，感觉就会越来越敏锐。据说清水宏保去按摩时，在要求按摩师按某个部位时的描述方法是"请按那个肌肉纤维旁边的内侧"。他怎么能察觉到那么细微的部位呢？这是因为他具有问题意识。有些选手遇到这种敏锐的知觉，可能只会把它当成一次偶然，但是清水宏保却把这种知觉提升到训练计划的层次，在训练计划中刻意加强知觉的训练，凸显出特定的感觉，最后变成自己特有的技巧的一部分。

据说在以前就经常有人说，看清水宏保在冰上滑冰似乎是在偷懒的样子。这可能与他滑冰时非常专注于确认细微的感觉有关，让其他的肌肉与知觉都停摆，在不知内情的人看来就像在偷懒一样。

"目标是四年后"的一流规划力

该书里面有一段关于"肌肉很狡猾也很聪明"的说法非常有趣。清水宏保在一年中必须多次更换按摩师与教练，原因是如果不换人，自己的肌肉会记住按摩师与教练的特点，降低训练或按摩的效果。

肌肉非常聪明，而且还很狡猾。如果重复给它几次相同的负荷，肌肉纤维中的感觉神经就会学习那套模式，肌肉的变化程度也会逐渐趋缓。所以我每年都更换训练的内容。运动选手最常犯的错，就是自我满足。好几年都维持相同的训练课程，或是沿用过去状况最佳时期的方法来训练，这样反倒会让自己陷入低潮。不断挑战新东西才能增强自己的信心。训练最重要的一点，是透过自己达到的成绩获取自信。

杂志中谈到了清水宏保缔造世界纪录那天的情况，不过言谈中，清水那天似乎无意获胜，因为那天要是赢了，就得出发远征。而清水宏保当时的心情是希望赶快结束赛季，因此原本计划输掉那场比赛。抱着要输掉比赛的心情，整个赛况情势大转，清水尝试了异于往常的做法。他刻意放水不滑快，双手完全放松，随着与前面选手的距离越来越接近，清水也感觉到自己的状况在逐渐地跃升。

虽然一开始只用了八分力滑冰，但是因为状况太顺了，尽管未尽全力去滑，中途一百米的记录成绩也非常优异，于是清水宏保一鼓作气加速冲刺，缔造出了世界纪录的佳绩。

这一点就像清水宏保所说，肌肉既狡猾又聪明。总是以相同的方式给予刺激，以为自己采用的是最佳策略，结果成绩往往不如预期优异。换一个方式尝试，肌肉会因此感到紧张，感觉也变得更加敏锐，自己的张力也能发挥到极限。**重点就是，不要老是采用相同模式，必须经常、不断地变换方法。**清水宏保后来提到，当时他终于明白了这个道理。

所以清水宏保参赛时没有坚持采用训练时的滑冰方式，而是时时训练自身的感觉，让神经更敏锐，在每一场都采取不同的策略，而且通过每天一点一滴的微调来改变。

这需要一流的规划力，也就是安排程序的能力。透过程序的安排，让自己保持在一定的紧张状态中。对清水宏保而言，他最大的目标是赢得奥运金牌。在盐湖城冬季奥运会中，他为了减轻腰痛接受神经阻滞的注射失败了，状况恶化到甚至无法穿袜子。尽管他银牌的成绩与第一名只有0.03秒的差距，可是因为0.03秒的差距就必须再等待四年，到下一届奥运会才能雪耻。关于这一点，他说在奥运会上留下的的遗憾必须在奥运会上解决。

四年是一段奇妙的时间，虽然很长，但并非没完没了。若仔细准备可能会获得相应的成果，但一旦失败就必须再等待四年才有机会雪耻。对运动选手而言，四年会发生很大的变化，很可能因为这四年，就错过了选手一生的全盛期。

奥运会是一项非常仰赖规划力的运动盛会。就连棒球这种每天都有赛事的运动都需要规划力，更何况清水宏保是为了赢得四年后的胜利，这更需要仰赖一流的规划力了。

"我要的不是金牌"——高层次的想法

　　有些选手在平时的比赛中能够获胜，但是到了奥运会上却未必能赢，有些选手则情况相反。胜负的关键，在于选手是否能把渴望获胜的压力转换成获胜所需的毅力，以及训练上的规划是否对准了奥运会的时间。像清水宏保这种等级的选手，除了赢得奥运金牌外还抱有更远大的目标，他在1998年的长野冬季奥运会中虽然赢得了金牌，但是却说"我要的不是金牌"。他所追求的是实现人类尚未触及的感觉与力量，而且还要把这种感觉传达给其他人，让他们了解。

　　他在运动杂志 *NUMBER* 中说：

　　　　我深信金牌对我而言并没有太大的价值。在我的竞赛生活中，我的目标不是赢得金牌，而是在赢得金牌所受的训练过程中发挥出人类的潜力，这一点在我拿到了金牌之后，更加明确了其中的意义。

　　因为神经阻滞注射的失败，导致他腰椎第五节骨头骨折，在那样的状态下他依然出赛，缔造佳绩。通常腰椎骨折早就已经寸步难行了，可是清水宏保却因为肌肉异常的发达，腰椎周围的肌肉发挥了对骨头的代偿功能。这是多么厉害。而且他也找到了自己以0.03秒之差落败的原因。

我想说的不是我在盐湖城冬季奥运会以0.03秒落败的这件事，而是我找到落败的原因在哪里了。因此在迎接2006年意大利都灵冬季奥运会时，我必须加强神经回路的再生。

清水宏保左侧大腿重要部位的神经因为神经阻滞注射失败而导致神经坏死，也因此他左右大腿的粗细相差了2厘米。不过清水宏保的运动教练却这么说：

你们放心，主神经回路虽然死了，但是还有副神经回路可以用。要到达目的地不一定要走大路，小路小巷一样走得到。你们这么想就容易理解了吧。

清水宏保听了教练的话也说：

只要能找到神经回路的新的传递方式，对脑血栓、风湿、胶原病（即进行性系统性硬化症），或因交通事故导致的神经系统受损的病患而言，或许能找到治疗的方法。我一定要在都灵冬季奥运会前尝试看看。

清水宏保又说："为了在这项挑战中验证这个理论的正确性与说服力，我一定要拿下奥运金牌才行。"

这种问题意识的层次是不同的。清水宏保希望在都灵冬季奥运会之前找到帮助治疗神经系统病患的方法，这与赢得金牌这一目的的层次截然不同。很少有人这样看事情，不同的目的所需的准备自然也不同。对清水宏保而言，他有浑水摸鱼的时候，也有全神贯注的时候。他不断训练自己，不到气绝身亡决不善罢干休。他透过前人未曾到达的感觉建构自己的训练计划，并且不断更新。

我想在日本，清水宏保可以说是有意识地运用高层次的规划力的第一人。

铃木一朗的"螺旋上升的规划"

另外一位同为运动选手，也同样具有高水平规划力的人就是美国职棒大联盟中的铃木一朗。我要在这里引用他的说法。在 NUMBER 第 576 期中，有一篇标题为《一朗备受屈辱的一个月》的报道。在2003年4月的一整个月里，铃木一朗陷入严重低潮，他的打击率只有25%。这是不可能出现在铃木一朗身上的超低打击率，但是他在意的却不是打击率的问题。

  30场比赛挥棒30次，这当然是一种屈辱。我在意的不是25%的打击率，我的焦点不在那里。只是我也很难接受自己30场比赛挥了30次棒的状况。我陷入压力的漩涡中了。

  打不出安打虽然是一种屈辱，但是背后的原因是铃木一朗在正式开赛前的状态非常好。他以为自己可以打出安打的想法较过去更为强烈，也因此身体的反应让他去挥棒打击以前不会出手的球，结果甚至打到了比赛中不可以打的球，破坏了过去他对球的节奏感。不过到了5月他就恢复了原有的打击率，显然自己已经调整过来了。

  对于铃木一朗陷入低潮，他的队友佐佐木主浩也印象深刻，他说道：

  开幕后不久他一直打得很勉强。好像故意要撑到不得不出手才挥棒。……他本来就是个天才，思考周密，

他真的很厉害……（《运动日报》）

铃木一朗在5月状态恢复正常，这表示他又到达了另一个不同的层次。集训期间一朗抓到了如何更上一层楼的关键，并且将之运用自如，达到了另一层次的技术境界。在球季刚开始时一朗没能做好调整，可能是因为他的状态不佳，也可能是他正在调整，以进入下一阶段。一边运用原有的技术，一边一小步一小步地往上走，这个过程非常困难。

当然凭着过去的技术也能打出不错的成绩，但是对手其实也一直在研究他的技巧，因此必须继续往上走才行。但是在往上走的调整阶段，技巧很可能会暂时滑落，甚至更逊于先前的阶段。遇到这种常见的状况决不可一时慌张就走回头路，而要有心理准备，采取螺旋上升的方式，这才是进步的诀窍。

铃木一朗很清楚自己陷入低潮的原因与状态，因此当他站在打击区时也在不断调整自己，以便往前更进一步。这一点是非常了不起的。

这种规划力非常高明，可以说是在每天不断地进行调整。

江夏"深知投球奥妙的配球规划"

"江夏的第21球"（《再来一记慢速变化球》山际淳司著）

中描写江夏的故事也很有趣。1979年,大阪近铁野牛队对广岛东洋鲤鱼队在日本职棒锦标赛的第七战当中,比赛胜负将决定谁是日本第一,可以说是一战定天下的赛事。第九局的下半局,广岛鲤鱼队以四比三领先一分,当时上场的投手就是江夏。只要稳稳守住,鲤鱼队就能拿下冠军,不过球场上正面临着无人出局的局面。

在这个节骨眼,江夏的表现真是令人刮目相看。被逼得毫无退路的江夏小心翼翼地一球一球投出,将打者一一三振出局。在他要将最后一名击球手三振时,投出了和先前挥棒落空的球球路相同,但比之前稍向下坠的一球。这其中其实有所布局,尽管面对不同的击球手,江夏还是采取同样的球路,以好球结束掉对手的击球。江夏判断同一个球路可用,在最重要的一刻采取了相同的配球。这些可以说都是为了将最后一名击球者三振出局所采取的规划。

江夏站在投手板上一步一步地思考着每个步骤,专注认真地投球。其实当时还有另一道步骤正在进行,也就是在球员休息区里,另一位年轻投手正开始暖身。这两套规划的层次并不相同。换言之,江夏专注于将眼前的打者三振出局,但是当时鲤鱼队的总教练古叶考虑到,若是两队打成平手就必须打延长赛。若进入延长赛,就可能轮到江夏上场打击。鲤鱼队必须一直防守到延长赛的下半局，于是古叶教练考虑派代打替代江夏上场，甚至想到下一步安排救援投手上场。

但是江夏看见年轻的投手开始热身，就非常火大。"搞什么啊。我都已经撑到了现在，不需要那家伙。"说起来完全是误会。古叶教练纯粹是站在教练的立场，务实地安排每个步骤而已。至于投手方面思考的规划，就是要一球一球地化解对方的打击。考虑整体大方向的古叶教练与判断每个瞬间该如何处理的投手江夏，各自采取的规划方式当然有所不同。不过幸运的是，不同的规划透过组织的力量与临场的状况得到了融合。

队友衣笠跑到投手板旁跟江夏说："我的想法和你一样。你别在意休息区和后援投手的事。"据说这一句话救了江夏。衣笠的一句话唤回了江夏的精神集中力，先防守住对手牺牲打的企图。

我看着击球手石渡，他的球棒轻微抖动了一下，我的直觉是"来了！"这个抖动的瞬间，大概只有0.01秒，我一直在想他们一定会盗垒，一定会利用牺牲打，所以也许我心里早就有底了。在球离开我的手之前，我就看到对方企图盗垒。但是我握球的方式是笔直投出下坠的变化球的握法，没办法改变。我维持变化球的握法，把球投了出去。捕手水沼大概一直盯着三垒上跑者的动作。我看到他站起来……

打棒球的人大概都知道,要以变化球瓦解对手的牺牲打简直是不可能的事。要瓦解对手牺牲打的企图,只能运用直球,而且捕手得提早站起来。如果太过急躁可能导致暴投发生。但是江夏看到捕手站起身来,却依然维持变化球的握法,并化解了对方牺牲打的企图,真是神乎其技地破解了对方的阴谋。

面对士气大落的击球手,江夏判断可继续实行相同的球路,因此给予了最后致命的一球,以一记内角下坠的变化球获胜。这第21球让最后一名击球手出局,鲤鱼队也拿下了日本职棒锦标赛的冠军。牺牲打危机的化解可能已经不是规划能力的问题,而在于瞬间的判断力。但是若不是江夏彻底把握了自己的投球能力,也不可能完美地配出这21记球。

江夏就是运用自己投球的能力配球,思考对手正在想什么,判断该在哪个点投出决胜球,并且在投出决胜球之前先开始布局。这是职业选手思考的方式,也是非常高明的规划力。

据说只要是一流的职业选手,打者与投手彼此是能够对话的。投手不单单只是投球,还必须一球一球地配球,从而让彼此的对话更为有趣。真是个了不起的世界啊。

阿波罗13号所呈现的极致规划力

人类史上最复杂的规划力

　　1970年，美国休斯敦发射了宇宙飞船"阿波罗13号"，目标是登陆月球，但是他们在太空中却遭遇到令人难以置信的意外事故。阿波罗13号的氧气罐、燃料电池、电力供应线路发生故障而无法供水。在如此绝望的情况下，地面控制中心的工作人员们与宇宙飞船中的宇航员通力合作，克服困难后平安回到了地球。《阿波罗13号的生还奇迹》（Henry S.F. Cooper Jr.著）就是一本深入追查这件事的有趣的书。

　　为什么我要举这个例子呢？宇宙飞船飞向月球是一个非常庞大的计划，而且在没有氧气、水与能源这样充满危机的情况下他们还能安全返回地球，其间的规划力非常了不起，简直到了鬼斧神工的地步。立花隆（该书日文版译者）说：

> 日本还没有达到载人宇宙飞行的技术。自阿波罗号成功登陆月球表面，至今已经过了四分之一个世纪。但是日本至今仍未达到四分之一世纪前的美国的起点。日本欠缺的不仅是技术能力，还包括阿波罗计划这么规模庞大的案子所需要的管理能力，以及万一发生阿波罗13号这类事故时，处理危机的危机管理能力。

将人送上太空再平安返回地球的技术，可以说是人类所建构的最为复杂的规划工程了。算起来有着庞杂的步骤，其中还包括了意外发生时的状况模拟。当然若发生一般的意外状况可依照模拟时的方法处理。

但是阿波罗13号的状况完全超乎预料，因此必须在短时间内重新建构一套未经状况模拟的措施，重新安排庞杂的程序。

地面控制中心负责搜集所有关于宇宙飞船的数据。地面人员比宇航员更了解整体的状况，因此由地面人员负责模拟返航的过程，重新建构一套新的步骤，同时制作作业手册。将这些步骤传达给宇宙飞船的宇航员后，宇航员再忠实地执行程序。换句话说，负责规划程序的是地面人员，宇宙飞船是否能平安返航的关键，完全取决于控制中心指挥官的决断力与规划力。

在传递应对措施给宇航员时，采用了最原始的方法。由于宇航员们都非常疲劳，因此会将每个步骤写在纸上，然后一一复述纸上的文字相互确认。

将信息告知宇航员时，最重要的是什么？大概没有比正确更重要了吧。

在复述过程当中，肯·马丁利最注意的就是让处于疲劳极限的杰克·斯威格特正确地抄下检查清单。马丁利刻意地放慢朗读速度，他一行一行慢慢地读，每读完一行就稍微停顿一下，等候斯威格特复述一次。

他们一边喊"OK"一边确认，单是把检查清单全部念完就花掉三个小时。**念完之后又复述，这是非常原始的方法，有趣的是技术最为先进的宇宙飞船却要依赖这样原始的方式来驾驶。**

令人意想不到的趣事是，宇航员为了避免按错键，预先在重要按键上贴上大大的红色的"NO"字。据说放开登陆艇的按键紧邻放开救援艇的按键。万一要放开救援艇却按错按钮,就可能会放开自己所搭乘的登陆艇,飘到太空的一方。因此宇航员所采取的终极对策,就是在按键上贴上红色的"NO"字,这也是很原始的方法,真是有趣。

在电力系统、燃料、氧气供应系统都发生故障的状态下,宇航员必须利用仅剩的系统让宇宙飞船平安返回地球,因此这中间需要极为复杂的程序。但是这套程序并未做预先推演,指挥官为了避免犯错,也做了几张表。

在A作业时可以开着的开关,在进行其他作业时就必须关闭,因此单是启动程序就复杂得令人难以捉摸。在当天上午9点,起飞时各按钮的开关该如何配置的记录传送到斯威格特手上。同时,在控制人员手上也有一份一模一样的表。技术人员将这份表命名为"方块1"配置图,在制作各种检查清单时都一定要搭配这份配置图,以此图作为参照基准。

换句话说,即先制作一份基准图表,再搭配其他复杂的配置,一一写入程序。制作图表、画图是非常重要的工作。光靠文章与对话内容会显得拖泥带水，很难做区分。只是听的时候会以为听懂了，但实际执行时则是以数字方式记忆而不是模拟方式，于是搞不清楚是否需要按按钮，是否该将开关打开。行动切实执行了，但指示的内容却不清不楚，会让人混淆了前后关系。若能清楚地标出有20个或30个步骤，不必记住也清清楚楚。

只要画成图表，把项目清楚分开，一切就简单明了了。通过图表就能将该做的事情分得清清楚楚。**是否具备制作图表的能力，是规划力的根本。只要具备规划力，也就具备了制作图表的能力。**

运用"稻草人程序表"避免危机发生

阿隆等人利用这张表，因为表中列出了应做事情的概要，他们把表命名为"稻草人程序表"。（阿隆介绍，叫稻草人程序表，是取其撞到石头也没关系之意。）在所有工作中，特别将落水之前的电力分配调整为最优先的课题。电力分配是指宇宙飞船哪个部分，在什么时候要增加电力，什么时候要放开救援艇和登陆艇。每一项作业都有一定的电力分配，因此在稻草人程序表里也涵盖了电力分配的部分。

也就是说先打好基础,然后把详细的内容一一填进去,将它命名为稻草人程序表也很有趣。在日本,稻草人有不同的含义,但是这里主要是指一份粗略的程序表。

阿隆的稻草人程序表毕竟是非常粗略的东西,因此应该会加很多修改。不过这份粗略的程序表却给其他控制人员提供了一个大的框架,可以把个别详细的检查内容一一写进去。

因此我们知道为了写入详细内容,首先必须制作一份粗略的基本程序,这在程序安排上非常重要。对于阿波罗13号所发生的状况,若不先订出一套计划,大家都将因为事态严重而惊慌失措。订出计划都没有办法百分之百掌控状况,更何况如果完全没有计划,不知精神压力会有多大。**因此无论如何先订出一套草案,做到稳定情绪,然后就细节进行微调。这就是规划,在推动工作上非常重要。**

我在工作时也会先思考,事情该做到哪个阶段才不会因为一时的中断而无法继续。

到底要做到什么程度才不会半途中断呢?或者即使休息后忘记了,怎样能很快再进入状态继续下一阶段呢?这就是思考的重点。若是正做到兴头上，整个人处于亢奋状态时，会对整体状态掌控良好，所以不需要特别汇整要点也能在次日立即进入状态。不过若是休息时间长达半年，对工作的经验、熟悉度就会逐渐消失。

　　因此，如何建构一套体系让经验与熟悉度不会因为时间的间隔而消失，这极为重要。也就是说必须把图画出来，而且必须把细节都画进去才不会半途而废。以写书为例，首先必须把各个章节先列出来，否则时间一过灵感流失，就什么都写不出来了。若先把各章中的各节、项目都罗列出来，把顺序安排好，那么即使经过半年、一年，还是能随时重拾大纲把书继续写完。

完成图表前的共同作业是成功的秘诀

　　为了解决阿波罗13号的问题，工作人员运用了所有可以想到的点子。当宇宙飞船要进入地球大气层时，虽然必须抛弃宇宙飞船上搭载的登陆月球用的登陆艇，但是用来抛弃登陆艇用的救援小艇却已经脱离，因此必须另想对策。当时的方法真是奇谋。

　　　　把登陆艇的船舱和指挥舱的船舱封闭，连接两个船舱间的隧道里就会存在与船舱内相同气压的空气。这时候解除对接机构，就会产生"太空喷嚏"现象，这个现象会导致隧道内的气压把两个模块切开来。罗素·施韦卡特非常喜欢这个点子。

"太空喷嚏"真是个有趣的点子，而且它还是个名副其实的点子。当原定的程序无法继续执行，就必须依靠灵机一动的点子来构建新的程序。为了解救阿波罗13号，确实运用了各种点子，例如应对缺水的问题：

> 有一位负责系统技术的工作人员想到了在宇航服上缝一条细管用来装水的点子。这样宇航员只要把宇航服的脚踝部位切开，就能像从皮袋中喝酒般地喝水。

事实上宇航员并未真的这么做，毕竟宇航服是为了防止发生意外而设计的服装。另外，他们测定自己所在位置的方法也很有趣。当计算机等各种仪器都失效时，可以以星星的位置为基准计算自己的方位。但是当阿波罗13号接近地球时，从那个角度就无法看到那颗基准星了，于是宇航员们就利用地球明暗的分界线，据说这条线称为明暗界线，用它来当作测量仪，以确认自己的位置所在。

这个方法其实是在准备阿波罗8号计划时，为了紧急应变思考出来的，是一套非常原始而粗糙的方法。阿波罗13号的宇航员也一度演练过，但是当时完全没想到有一天会派上用场。幸亏经过了演练，在现实中真正发生问题时才能够顺利解决。另外，宇航员还手动使用六分仪，计算星球的观测数据与实际位置，并都做到了零误差。

整体来说，这个过程展现了规划了不起的一面。首先在事前就有一套针对问题发生时的应变演练，拥有周全的准备。其次是地面人员在面临危机时能重新安排程序，指挥宇航员作业时也根据图表将新的程序明确地告知他们。因此这中间并未发生失误。倘若地面控制人员未能扎实地共同作业完成新的程序，阿波罗13号就没机会平安返抵地球。

通过共同作业把复杂的程序简化成图表，是让规划力成功发挥到极致的关键。

第三章

规划力实践篇

收纳·整理的规划力

收纳·整理要诀：先从容易判断留或不留的东西着手

在进行物品收纳或安排放置的规划时，首先要做的是，决定留下或者丢弃什么东西。收纳名人近藤典子说过（《近藤典子的快意人生！生活搜查家 收纳篇》），整理厨房内杂乱物品时，应该从区分哪些东西要留下来、哪些要丢弃开始着手，这时候应注意的重点在于东西的分类，而不是以厨房的位置来做区分。

一开始先把柜子、流理台下面或餐具架周边所有的食品拿出来，食品都有保质期，所以即使你是个经常为了留或不留而犹豫不决的人，这些东西也不会给你造成太大的困扰，很容易就可以区分出来。总之，这是进行收纳整理时的暖身动作。

即使像我这种非常不擅长整理东西的人，也知道最恐怖的就是那些厨余垃圾。食物一定会腐烂，不像书本或衣服之类的，不论堆积得再多都不会造成太严重的事态。可是如果房间里留有吃剩的食物，不是食物本身长了虫子就是引来蟑螂，最后导致不可收拾的地步。

我在学生时代就曾经有过这样的经验，所以在生活中，至少对于厨余垃圾一定会切实检查处理，并将所有的食物都放进家里的冰箱。我甚至还离谱到在冰箱内干脆不摆放会制造厨余的元凶——食物，把冰箱当作鞋柜来使用。这样的日子我也能生活下去，还真不得不佩服我自己。

令人困扰的食品整理就绪后，接着就是容易判断经常使用或不常使用的厨房用具，基本要点就是将东西分门别类，这一点只要稍微动一动脑就可以进行了。接下来就是餐具和杂货，至于保鲜盒则在最后才处理，因为大部分人所贮存的保鲜盒经常都超过需要量，所以在配合最后剩下的收纳空间加以调整后，其他的就都可以丢掉了。

先从不会让你困扰而且容易区分的东西开始整理，这是收纳厨房或房间物品的重要关键。

这种整理方法也适用于书房和工作场所。《"超"整理法》（野口悠纪雄著）中运用的就是经过一段时间即加以丢弃的原理，也就是依东西的不同决定它的放置期间，一旦超过所定下的期限就把它丢掉。丰田在经营上也采用这个方式，一年只使用一次或两次的东西以租借的方式解决，即使租金稍高也在所不惜。不再使用的，以及几乎不使用的东西都不放在公司是他们的方针。

"让权利睡着了，等于权利受不到保障。"这是一句法律格言，意思是说即使权利受到保障，如果不行使的话，等同于这项权利被剥夺了。将它引申到整理、收纳的技巧上就是，几乎不被使用的东西，即使再好也应该毅然决然地丢掉。

这同样适用于纸类的整理，当时认为非常重要的资料过了三年再拿出来的话，其实已经毫无利用价值了，三年来都不曾看过的资料显然没有留下的必要。

以自身的经验和常识判断取舍

由于我生长在一个不习惯丢弃东西的家庭，所以我非常不舍得丢东西，埋身在一堆杂乱而不被使用的物品当中，让我有某种安全感。

就整理物品来说，人大致可分为两类，一种是必须把东西整理得井然有序才感到舒坦，另一种则是必须被一大堆东西包围才能有踏实的感觉。我自小生长在家具制造厂的家庭，以至家里要被家具和许多东西团团围住，我的心里才有安全感。无论搬到哪里我都会在房间里放很多的家具，这样我才能感到踏实。住旅馆的时候，我会把自己的行李散落在房间的各个角落，用自己的东西把空间填满，这和将棋名人羽生善治有异曲同工之妙。

看起来似乎完全被东西淹没了，却能优游其中。因为经常使用的东西和几乎不使用的东西很自然地会有所分隔，经常使用的东西用起来就会更加顺手，这和运动是一样的道理。以打网球来说，每一局一定都会使用发球以及正手击球的技术，所以它们就像是非常重要而且经常要用到的器具般，有必要多加锻炼；至于反手击球却是十次之中几乎用不到一次的技术，但是我却曾拼了老命地练习过，现在想起来真是挺浪费时间的。不想做这种无谓的浪费，就要定下优先顺序，整理归纳后不要的东西毅然丢弃，这就是整理收纳的基本原则。

首先必须决定允许这个东西存在的时间和期限，以食品来说就是它的保质期，换言之就是允许这东西占据这个场所的有效期。如果不是自己想要的东西，例如别人送的餐具等占据了空间的话，不必多加考虑，处理掉就是了。**在自己的体验**

和经验中，非常容易使用的东西必须好好珍惜它。即使是新品，如果非常不好用的话，还是将它割舍吧。至于非常老旧，但对你却有切身价值的东西，就该保留下来。例如基于你使用钱包的经验再加上一般性的使用常识，购买质量较好且能够长期使用的钱包才是明智之举。类似这样的东西通常都有留存下来的价值，当你使用时自然会唤醒你过去的经验，因而能形成自己最便于使用的状态。

写作的规划力

先以3·3·3的方式整合归纳主题

我在写东西之前,为了使主题明确,会把脑海中跟主题有关的东西全部倾倒出来,而且我在边和别人谈论的时候也会边把名词或重点写在纸上。虽然一个人也可以这么做,可是只靠自己一人把一些沉睡的经验智慧重新拉出来真的很累,和别人讨论的话,情绪会比较高昂,而且也比较容易激发出火花。和人谈话的时候会有较为敏锐的观察力,这就是所谓的"映像沟通"。

在众多学者中,有人一开始就把结论当作主题,然后从这个题目由上往下铺展,他们认为所谓的"金字塔"的方式比较有效率。至于我采用的则是把东西一股脑地倾吐出来的混沌式，而且我认为这种方式比较具有启发性。金字塔式的做法是在早期就必须在脑中进行秩序的整理，所以不容易产生一些稀奇古怪的点子。

但是如果一开始完全不讲求秩序，而是像蜘蛛网那般，仿佛是在任何地方都会繁殖的细菌，或不断生长的地下茎，那么蜘蛛丝会无限延展下去。如此一来，等到你要重新安排配置的时候，那些跳跃的点子就可以采用了。这种方式也许比金字塔式多花费一点时间，可是不会让你的机智和创造性平白地浪费掉。

将题材全部打散之后，接下来将它区分为三大部分，从中选出三个最好的，不是只选一个最好的而是三个，如果只选一个精华的话，那就会选出太过正经的东西，一些新颖的东西会因此被丢弃。所以选择归纳的时候选用三个是非常必要的条件。

然后以这个当作关键，建立三章，但每一章都必须是不重叠的组织，如此就会变成三根柱子并立的形态。如果只有两根柱子，建筑物很容易倾倒；有四根柱子的话虽然可以站得很稳固，但是不符合最小限度的需要。综合多种需求来考虑的话，由三根柱子的三点来支撑，是最简单也最容易理解的。

可是如果每根柱子都很相似的话，就好像三根柱子以直线并列一样，那么还是一样会倒的。换句话说，除了以"努力"、"干劲"、"耐力"站立之外，如果能够巧妙地融入"心"、"技"、"体"的站立方式，文章就会变得非常扎实而完整。

这里要注意的是，不论任何东西以3来做归纳整合是非常重要的。当然也许你想整合为五个、两个或一个，但还是区分为三个比较理想，因为整合为一的话过于抽象，变成五个的话又会缺乏高低起伏。总而言之，以3这个数字整合完成的话，东西的轻重层次就能够非常清楚地区分出来。

接着，各章再区分成三节，进而把各节分为三项，以这种3·3·3的方式分割。当然，不是所有的东西都能以3来做机械式的区分，我们只是以它为基础，把这些数字输入到电脑里，以1-1、1-2、1-3、2-1、2-2、2-3等等作为要领，然后把图表内杂乱的名词依照章或节来重新排列。因为图表上面是非常杂乱且没有次序的，它只是将许多东西全部散乱排列在这个空间，我们所要做的就是依照自己制定的顺序，为它们建立秩序。

这时候，为了不使各式各样的项目相互重叠，就要把类似的词语归纳起来，这样就可以依照各章将词语做区分。如此一来，之后不论从哪里开始，都可以从自己想写的地方开始写。

　　如果采用从第一章开始一直写到最后的方法的话，自己最不擅长、最棘手的地方一旦出现，就会停滞下来。如果从自己最擅长、最容易处理的地方开始填补，就像吃东西先从好吃的部分开始吃一样，这么一来很快地就能填补完一半。一旦整理到这个地步，之后就可以依照开端的顺序来写，如果在某一章里面，因为欲罢不能而写得太多时，那么就得将它分离开来，重新组织结构。

　　我的拙作《阅读的力量》在写作时，是先把大纲非常完整地制定下来，也就是采取小纲要义的概念，目的是让读者读这本书的时候无论从哪里开始阅读都可以。在《"能干的人"哪里和别人不同？》里，我把《徒然草》与村上春树另列为一章，它原本是包含在某一章里面的一部分，但是因为它的要素扩展得太大，与其收录在一章里面，不如独立出来比较清晰明了，因而才将它另列一章，总之就像养得太茂盛的树要将它分枝一样。

　　对于在写作过程当中所产生的想法，或者不断扩大膨胀的要素，如果摘取下来后再不断地培育它，自由的奇想就会在其结构下不断冒出。这就比如如果好好培育一棵树，它就会不断地蔓延繁茂，类似这样的组合就是将写作的流程规划得很好的例子。

使用三色笔，任何人都可以实时写作

对写作感到非常棘手的人，我在这里将针对他们做更简单的写作规划的说明。

前提是，首先要认识到写作和阅读有非常密切的关系。所以，不擅于规划写作的人，必须先从阅读开始，再把写作放置在延长线上即可。

那么要怎么做呢？首先在阅读书籍或资料时，觉得在意或是很重要的部分就用三色圆珠笔加注画线，然后把画线的部分"加上括号"作为引用句输入你的计算机中。至于为什么要在这个地方画线，那就要先想想为什么会对它感兴趣，并且写下来输入电脑中，然后再把这些引用句和你的意见加以整理归纳。光是使用这些引用的部分，你就已经填补了整个写作工程的一到两成的空间，心理上自然感觉比较踏实。

写文章时起草的两成是最辛苦的，可是一旦超过两成之后，就像跑马拉松一样从中间开始就可以很顺利地进行。从开始跑的低速切换到二挡时是最需要能量的，而在这个地方你可以利用"引用"的方式，让别人为你完成这个部分，如此就很轻松了。

要挑出哪个部分加以引用，这和个人的阅读能力及经验有直接关系，所以这时候要好好思考，但无论如何都比完全不引用而从零开始写轻松多了。而对这些引用表达意见，当然也同样轻松，至少书本身已经完全是文字了，因此针对它提出感想并把它文字化也就相对简单多了。

　　与此相比，最困难的是必须用大脑来思考自己身边所发生的事情并将它们文字化，而且要写得非常有趣。但这个世界就是这样，按世人的眼光来看，如果能够很有技巧地引用知识性的书籍，那相比绞尽脑汁地去想自己的经验并将它文字化，前者会比后者高级，给予的评价也比较高。以头脑的实际运作来说，它其实并不怎么样，可是因为评价很高，所以利用引用绝对是值得的。

　　如果引用的书籍或者教材只有一本的话，实在有点单薄，所以至少要准备三本左右，边阅读边用三色笔画线。因为阅读和书写已经有了联结，也就能够放心地阅读，面前的方向自然也就确立了。

　　至于最后的结论要落笔在什么地方，这也是写作规划上的重点。我的做法是，不论是总结的一句话或者是概括全文的一句话，直接就放在前面，然后在后面加以说明。把它留在最后也是一种方法，但是有时候不知不觉就忘了。很多日本人在写作时，常有稍不留意就把开场白写得很长的毛病，因此感觉总是到不了主题。如果一开始就把结论带出来的话，那么不管途中写了多少张稿纸，至少重要的事情已经在开头说清楚了，也就可以放心了。这种直接切入主题的写法在写作的规划上是非常重要的。

在写文章时，我们似乎很容易联想到作家写了一行就把纸揉掉然后搔搔头的画面，像这种归纳整理是非常辛苦的。**现在已经是计算机时代了，我们可以随意地在句子中或插入、拆分或编辑，所以不再像以前那样非得从第一行写起不可。**

最近在作文方面，自由书写感想已经变成了主流。如果完全不教导如何写作的话，那么想要自由地书写还是有困难的。相反地，像以前那样很清晰地指导写作的顺序，反而能够写得更多。

因为我曾指导过小孩子写作文，所以我非常清楚这种状况。如果教他们所谓的自由书写，那么不会写的小孩就完全没办法提笔。但是先让他们进行准备工作，然后配合一些规划的话，任何一个孩子在某种程度上都能够写作。这样的规划首先就是阅读，然后用三色圆珠笔画线，从这个地方开始。先在自己认为最重要的地方用红色画线，次要的地方用蓝色画线，最后在觉得非常有趣的地方画上绿色的线。然后把画红线的部分抄写在笔记本上,并且写上画红线的理由,接着抄写画绿线的部分,同样地也把觉得有趣的理由写下来。

什么地方重要并且画线,任何一个孩子都可以做到,在觉得有趣的地方画线也一样可以做得到。抄写是很机械化的动作,所以当然没有问题。至于要他们说明为什么在这个地方画线,我会要求他们先口头上说出理由,然后再让他们写下来。所有的孩子都能写出一定篇幅的文章,甚至有些孩子轻轻松松地就写出四五张稿纸。如果是平常,应该很少有孩子能写到这个程度吧。

我认为这世上的所有信息都可以用三个颜色区分,《三色笔信息活用术》中提到,红色代表的是非常重要的信息,蓝色是一般重要的信息,绿色则是客观来看不见得重要,但是从主观来看却是很有趣的信息,除了这些之外无法引起你注意的信息就可以完全忽略。

我在阅读书籍或资料的时候,一定会准备三种颜色的圆珠笔,边画线边做确认。所以现在只要看到文字就会反射性地拿起三色笔做确认,否则就觉得不对劲。为什么要用颜色做区分呢?因为颜色就像气息、味道、性别一样能够被识别,它活动在人脑最最原始的部位,会产生非常强烈的印象。

例如和某个人见面之后,就算你忘了对方是怎样的人,年龄多大，但是你一定不会忘了他是男性或女性。颜色也一样，交通标志就是一个很好的例子。"通行""注意""停止"如果只用文字表达的话，很可能会造成极大的危险，但是以"绿""黄""红"的颜色做区分，立刻就可以判断当下的情况。我无论是在写作还是读书的时候，都尽可能地使用能够让大脑中枢系统活动的道具或方法，这样就可以很轻易地回想起来。

能够应付困难，高明的"3"的规划力

话虽然有点扯远了，不过"3"这个数字所拥有的意义是非常大的，这种说法我也曾经从木工工具制造厂的人那边听到过。大多数的产品都分为S、M、L三种尺寸，只要制作这三种尺寸大概就没什么问题，如果只做一种或两种，因为选择性太少会有人抱怨，可是如果增加为四种或五种，又会造成制造厂方的困扰。所以只准备S、M、L三种尺寸，无论是消费者或制造商，双方的需求都能满足。因此对于规划这件事，先用"3"的概念做大方向的统筹，如此一来面对各种不同的状况都足以应付。也就是在面对困难时，能拥有高明的规划组织力。

问题随时都有可能发生，即使处理得非常完善，也仍有可能因为某种意外或事故使你的工作突然中断。例如生病等各种意外都可能发生,所以在问题发生时能够立刻加以修复的高明的规划组织力是非常重要的。因此不可以被那些细枝末节的规划或程序所影响,如果拘泥在非常细小的事物上滞留不前的话,就无法进入下一个阶段。在这种情况下要跳过细节部分,先注意大框架并加以有效的控制。

这和考试时的解题方法是一样的,如果逗留在最初分数很少的问题上埋头苦思,浪费了宝贵的时间,而导致没办法做到分数比较高的重要题目,那就得不偿失了。所以应该先做印象训练,把重要的三个支柱建立好,掌控重点,然后再对细节部分作螺旋状前进。

那么即使中途不慎倒塌下来,至少三个支柱的基础部分仍然留着,这就是应对困难的高明的规划力。总之,所谓的规划力与其说是以时间作为规划的顺序,不如说是以事物的重要性作为核心。

 **沟通的规划力**

要有空间位置和"偏好地图"的意识

在一个大多数都是陌生人的集体会议中，以融入群体的步骤来说，第一步就是做自我介绍。这时只要把从自己的位置放眼望去的空间位置、人名、所属单位和其它特征写下来就可以了。但是让我感到讶异的是很少有人会这么做。如果不把空间位置记录下来的话，当介绍完一轮时就搞不清楚谁是谁了，这样就失去了自我介绍的意义。

最重要的是利用空间位置来熟悉事物，如果只是按纵向的顺序记住名字，并不容易留下印象。坐在左边的人提出的意见很有趣，像这样把空间当作颜色、味道般来处理，就很容易产生认识了对方的感觉。对这群陌生人首先从自己所看到的空间来认识，写下他们的名字和位置，然后把他们的意见记录在名字旁边，如此就可以很清楚地知道谁说了什么意见。如果谈话时能够说出对方的名字并引用他的意见，那么对话就会形成有如织线般的网络。所以首先要清楚地认识对方是什么样的人，这是沟通规划的开始。

一开始坐下时的空间位置很重要，如果按原样以将桌子并排的方式开始这个会议的话，那么可能无法达到较高的效率。在大会议室里彼此距离3米以上的对话是非常辛苦的，这样无法让谈话的内容变得深入，所以应该更紧密有效地重新安排座位，在不浪费空间的前提下把原来的位置重新组合，这在规划上也很重要。

总而言之，就是要有定位的感觉。座位的安排是非常关键的构成，这在能量的有效利用上是最重要的一点，但多数人却不愿意移动桌子或椅子。如果是按之前的人使用的原样开展会议的话，**对于目前的人数、组合以及所做工作的性质，这样的配置未必是最适当的，所以一定要配合最适合自己的情况来做分配并重新组合，这一点相当重要。**

一旦开始对话，首先应该以对方所喜欢的事物为话题，人们谈论自己所喜欢的东西时是非常快乐的，我在课堂上会让学生们尽可能地写出自己喜欢的东西，并制作出一张"偏好地图"，然后让他们看着对方的偏好地图进行对话。

这样一来两人就会针对彼此喜欢的东西进行对话，因而每张脸上都会满是笑意，即使是初次见面的人也不例外。这样开心的对话通常可以持续好几分钟，否则一定会变成"你好，我们要从哪里开始谈起呢"。所以"偏好地图"就如同润滑剂一般，能够让最初的对话非常顺畅地进行。

在现实的对话中，不可能把彼此的"偏好地图"拿出来，但是如果能够了解对方心中存在着一张这样的地图，你就可以试着抛出几根线，在这几根线中有一根最后让你钓到了鱼，那么你便找到了开启对话的线头。大概就是这样，针对彼此喜欢的事物进行对话，是基本的沟通规划。

一边吃饭一边对话就是最典型的例子，用餐时，端出来的一道道菜肴就是最佳的话题，以彼此共通的经验作为谈话的内容，一定可以从中找到对话的开端。

4 职场的规划力

将一天以90分钟为单位划分区块,并用三种颜色分类

翻开我的随身小册子,可以看到预定行程都标上了三种颜色。对于一天的工作,我的做法是用三种颜色来划分,没有绿色的那一天是非常难受的,因为绿色是自己觉得非常愉快犹如享乐一般的工作。至于无论如何都无法甩开的事情,例如演讲等,如果不做会造成别人的困扰,我就以红色来标记。若是"一般重要的事",就标上蓝色。如果能够非常有技巧地分配蓝色、红色、绿色的区块,那么工作必然能够进行得非常顺利。

所以用色块来区分工作或者要务,对有效地进行工作十分重要，大约取一个半小时作为一个色块是最恰当的。比如上课时间就是90分钟，也就是一个半小时，因为在这段时间里注意力可以持续，最适合归纳进而完整地做完整件事情。把一天分割为像这样的区块，然后用红、蓝、绿三种颜色圈起这些区块。

  这不禁让我想到，这样的时间划分是相当优秀的思考方式。虽然日本的学校教育对各方面都做了充分的锻炼，但对于时间的分割却显得异常愚蠢，可以说没有任何能力可言。倘若具有分割时间能力的民族和没有分割时间能力的民族发生战争的话，我想战胜的一方应该是拥有这种能力的民族。

  我们经常追求不被时间束缚的自由感觉，如果因为具有良好的规划而让所有的事情非常顺利地进行的话，你就会感到一派轻松，自然也就能品尝到自由的滋味。总而言之，能够有技巧地分割时间，你就可以享受到非常愉快的自由的感觉。

  譬如，一天实际的劳动时间为12小时，如果不用区块来划分，而始终用一个颜色表示，会导致人们并不想工作。因为没有什么迫切感，所以最初的5小时都会偷懒，结果使一些预定的工作没办法在当天顺利完成。

  但是如果将时间分割为各个区块的话，一旦偷懒，那么接下来的工作就会逼迫上来，所以时间一到一定要结束前面的事情，当中断之后就不能再逆行回到还没做完的地方，只能尽量把眼前这个区块的工作做好。**只要先做好划分，这个区块的工作虽然没有办法完全做完，只要之后有机会出现，就可以从那个点再度展开。**

所谓的规划就像爬楼梯一样，如果不能持续前进而是往后退的话，最后就会像陷入沼泽般沉到最底部，一切又得从最开始的地方重新来过，这真是再糟糕不过了。因此要将工作简化分割为不同区块，并且在每个区块里做完结，换言之就是对这个区块做一个完整处理。

例如将所思考的事物以项目加以结构化，不单只是分章而已，对于更细微的内容也要分节整合。这样即使过了一两周，时间虽隔久了一点，但是所思考的众多事物却早已经归纳在项目里，如此便能唤起你的记忆，很快就可以继续工作。

塑造固定模式

塑造固定模式的能力和工作的规划力有着密切的关系。对一件事情非常认真并能成功组织的话，就可以从这里导出一个固定模式。进行一项新工作时，想一蹴而就是基本不可能的，新的体验对于效率并没有什么帮助。

就规划而言，最初的第一步是个挑战，要尽可能地动用你的大脑并得出一个结果，接下来再加入其他的东西，并按照相同的方式进行作业。如此一来便能看到执行速度加快，以不到一半，视情况甚至以三分之一的速度就大功告成。如果所实行的那种方式使事情进行得非常顺利，那这个成功的经验就可作为一个模型，再进行其他事情时，只要更换不同的材料即可，相对地执行速度也会提高。事实上要导出一个模式并不是一件简单的事，可是一旦成功了，往后收集相关资料时就不会无谓地浪费时间了。

关于信息的收集，如果心中没有某种图像而闷头收集的话，就会收集到多余的东西，之后还必须花心思整理，效率会变得很低。在工作的规划上，首先一定要以严谨的态度仔细厘清自己到底需要哪些信息，这是非常重要的。那么在接下来的收集工作中就可以收到事半功倍的效果，只选取绝对必要的信息。总之就是提高信息的精确度，然而是否属于高精确度的信息，并不在于信息本身，而是以你的想法来决定的。

你的设计图像非常清晰的话，可套入信息的条件自然就非常清楚，适合这个条件的东西自然能够留下。找出收集信息的基准并加以厘清及共有，这是规划工作时的要诀。

5 会议的规划力

提出具体且具有本质性的点子

会议因为有许多人参加，彼此之间为了调整时间可以说是大费周章，大家聚集在一起的时间纯粹就是为了会议的议题讨论。所以只有先把和共通题目相关的材料准备好带来，在会场运用这些材料进行讨论，才能达到会议的目的。如果把宝贵的时间浪费在"接下去该做什么"的手续上的确认，那真是白白地浪费了时间。或者，在没有共通的文本或话题下，只是你一句我一句地空谈着，讨论议程就不可能往前进行。

会议进行时至少要在两人或三人之间放上纸张，使用白板更是必要。**文字具有非常直观的性质，所以为了让会议有定**

论，利用白板开展会议是最基本的。大家必须在达成共识之后才能继续进行下一步，会议中出现的点子有轻有重，最好彼此具体地确认哪些点子可以成为这次会议的收获。如果当场能够确认一个或两个宝贵的点子，那么当会议结束时，这段会议时间就可以说有所收获，是有建设性的会议规划。

如果不是这样，那么就变成只是在做会议记录而已。会议记录当然有其必要性，但是不需要在会议开始时朗诵给大家听。我们经常会听到"这是上次的会议记录"，将这种连愚蠢的毫无建设性的意见也全部写上去的冗长的会议记录一字不漏地朗读一次，实在太浪费时间了。很多的会议或者聚会，好像就是为了故意要留下意见而召开似的，简直无聊透顶。我个人的看法是，**如果有闲暇谈这些意见，还不如提出新的点子**，就是这么一回事。如果你要提反对意见的话，那么希望你可以提出替代方案。

如果能够明确知道点子是超越了所有事情的，那么目的就会非常清楚，工作上也不会出现无谓的浪费。如何超越现实并且清楚地针对课题提出点子——毕竟大家专程聚集在这里开会的目的就在于此。如果慢慢吞吞地把情况说明一次，然后泛泛地论述一些事情，那么就只是徒然浪费时间而已。

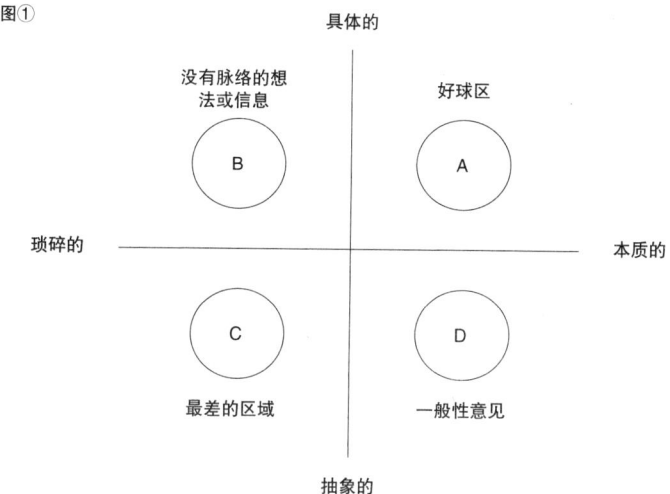

就这个意义来说，会议的规划能够让具体且具有本质性的点子产生，目的就达成了。请看图①的坐标轴，A区是具体且具有本质性的区域，也就是寻求点子的好球区，B区是具体却琐碎的点子，类似于没有脉络的想法或信息，例如报告事项之类的就属于这一区域。

D区是具有本质性但属于抽象性的事物，单纯的意见之类的就属于这一区。**会议的目的在于提出具体且具有本质性的、属于A区的点子。如果这种点子出现了，即使只有一个，也可能因为这一击而让一切都有所改变。**能够出现这样的点子的话，这个会议就是有意义的。

如何鼓励孩子读书?

这是题外话,我曾经参加过指导孩子读书的会议,有人提出意见说:"我们应该思考一下为什么非读书不可。"我的说法是:"这是一个为了推进读书而召开的会议,应该略过这样的议论而进行讨论。"不是吗?有人竟然提出"对于读书这件事,做不做都没有关系"这种意见,显然他完全不明白我所说的意思。

最后,对于劝导读书,我提出一个点子,就是"在成绩通知单上增加读书栏"。然而能够理解这是多么划时代的想法的,只有经常接触市场的那些人。有个人提出了"提高PTA[①]的意识"的意见,要提高PTA的意识,通常需要具体的方案。

成绩通知单上会有性格、品行栏或者是科目栏,如果增设读书这一栏,父母的意识必然会有所改变,同样的老师的意识也会改变。不需高谈提高意识或者加油这类抽象的东西,只要挥出这一棒,所有的意识都会跟着改变,为了找出具体且具有本质性的关键点就必须好好地思考。

但是针对我的意见却相继出现了"把事情变得强制是非常危险的"或者"太简单了"之类的反对意见,其中"这个点

---

① PTA 即 Parent Teacher Association 的缩写。指家长与教师的联合组织,类似日本各中小学的家长会。——译者注

子的确影响深远,而且非常简单"算是最高的夸奖了。到底哪里出了错呢?出席会议的数学家藤原正彦说:"能够提出这样的点子真是太好了,为什么到现在为止都没有人发现呢?"非常感谢他的发言。批评一个点子非常简单,但是却无法孕育出任何东西,批判别人的点子的时候,同时提出别的替代点子才是正道。

什么样的点子才是具体且具有本质性的,并且是关键性的一击,首先必须具有清晰的判断力,有了这样的认知,自然就能想出点子。在其它工作上也是这样的。

第四章

何谓规划力?

1　规划力的作用

规划力能为周围的人带来利益

　　规划力是一个创新的名词，但是很早以前，在日本的匠人世界里就有"八分规划"这样的说法，可见规划这个词存在已久。"八分规划"的意思就是说任何事物有八成都是因规划而决定的，这在普通人之间也被普遍地使用。总而言之，规划是非常重要的，日本人在以前就已经对这种观念有了共识。在现在的信息社会里，主要的工作大部分是组合信息，很少需要实际使用到身体，因此很难清楚地看出人们处理事情的步骤、规划，但是从前的工作大多以体力劳动居多，所以才能够把步骤、规划看得很清楚。

幸田露伴的著作《五重塔》里，描述了主角"木匠十兵卫"这个木匠工头优秀的规划力，在此介绍给大家。

劈木材的斧头声、刨木板的刨子声、凿孔和钉钉子的叮叮咚咚声繁忙地响着，飘飞的木片就像被疾风吹得翻飞落下的树叶，飞舞的锯屑犹如晴天降下的瑞雪，感应寺境内建筑工地的景况热闹非凡。他们将深蓝色工作前褂的带子紧紧系在颈后，穿着大腿部松垮的绑脚裤以及夹脚草鞋，以此英勇姿态非常灵巧地工作着。有人将脏兮兮的毛巾挂在肩上，蹲在阳光照射的好地方；也有悠然地凿着洞、衣着肮脏的老爷爷；也有为了找工具而茫然不知所措的小孩；还有陆陆续续前来切割木材的计日工，每个人都有他们在尽心尽力的模样。在流汗喘息之中，管理众人工作的工头木匠十兵卫拿着墨斗和矩尺，胸有成竹地按照建筑蓝图指挥大家如何将这些东西加工成为实际的有用的东西。要这样切割，要那样穿凿，这里要如何做、如何弄，那里要如何倾斜，凸起的地方要几寸，凹陷的地方要几分。不只口头上告诉他们，还会用铅锤线来丈量，最麻烦的就是将矩尺测量的图样写在板片上以示众人，他勉励自己要鹰觑鹘望地一丝一毫都不得疏忽。这时候，仿佛有个跃出纸面有如雕像般心无杂念的年轻人，以比野猪更快的速度，扬起一片尘土飞奔而来，他就是清吉。

工头的工作重点，就在于让全体人员都能有效率地动起来的组织规划。这里要提到的是最终设计的构想，每个工作人员未必需要知道这些，但是工头一定要明确看到。《五重塔》所描绘的就是工头基于他对建造"五重塔"的明确构想，分派给每个人适当的工作，不浪费任何人力地充分运作。那些没有体力的老头就做老头该做的事，而生龙活虎的年轻人就做适合年轻人体力的工作，大家生气勃勃地工作着的样子仿佛就在眼前。

当每个人都能非常顺利地工作时，大家的心情自然会变得很好，觉得非常爽快，不论工作是不是忙碌，都会有似乎是在做非常快乐的运动的感觉，这必须靠着工头非常卓越的规划力才能做到。如果工头的规划力不好，就无法看透前景，也就无法顺利地让能量注入工作中。

无论是读书还是工作，之所以没办法进入良性循环，最大问题就是无法让能量以最好的形态释放出来，类似不完全燃烧的感觉。如果觉得非常焦虑或者很想发脾气，就是无法顺利地让能量释放出来的状态，或者即使将能量释放出来了，但却不能形成很好的形态，这也是徒劳无功的。

我们常常会看到这种例子，上司严厉地斥责应该多想一些有创意的点子，但真的提出来了却并不被采用，而是被压在上司的办公桌上的众多文件夹的下面。这时候我想任何人都会有徒劳无功的感觉吧。这是因为自己所释放的能量并没有完全地变成实际的形态。**要使能量变成实际的形态，最大的重点就是规划力，如果步骤规划得不好，好不容易释放出来的能量就会泄漏殆尽，就像水不断从竹篓流出一般，你会被一股徒劳感笼罩。**对于工作流程，工头也就是领导者必须好好思考如何规划，反过来说，拥有规划力的人才能够成为领导者。

身为领导者，并不需要每一件事都能做得很好，只要能够很有技巧地整合各种专业形成一个形态就可以了，这可以说是一名企划领导者的资质。所谓的企划领导者，并非专指NHK电视台的"××企划"中那些总是制作了不起的东西的人。即使只是日常的一些小事情，例如几个人的聚会，如果有一个优秀的领导者在的话，那么必然可以度过一段快乐的时光。

顺便一提，我曾在我那间狭小的公寓里和朋友举行派对，我们边喝酒边欣赏电影《芭贝特的盛宴》，之后又听了对尼采有研究的人发表看法，然后大家非常开心地议论着，这是一个沙龙似的聚会。在我混乱不堪的家里非常突然地举办了这场小型派对，发起人是我的一个朋友，他从制作邀请用的信纸到当天的时间分配，所有的事情都安排得非常完美。所以即使当天有许多初次见面的人参加聚会，仍然显得非常热闹，是一场很有趣的小派对。

我的朋友应该可以算是一名企划领导者，他发起这个案子，然后组织时间，如果他没有发挥这样的规划力，我相信谁都无法享受这样的体验。当时参加人数大概有20人，正因为有了一位优秀的企划领导者，所有的参加者才拥有了非常有意义的时光，这就是规划力的精妙之处。

这次，在本书里特别提出规划力，是为了说明规划力并不是只为了自己一个人的利益，而是可以给身边的人带来好处的非常美好的力量。只要有一个拥有这样能力的人存在，他身边的人也都能很顺利地释放出能量，因而可以度过非常愉快的时光，这就是规划力的作用。

练就良好的规划力可以避开人生危机

工作能够进行得很顺利，并不等于所有时间都能过得很充实。即使做任何事情都照着咚咚咚的拍子前进，也不表示那是非常有意义的经历，或是这段时间非常令人满足。

为什么要特别在这里使用规划力这样陈腐的词语呢？因为这个词语具有"制造大框架"的语感。

将每件事分得很细，然后制作一个流程，再严谨地根据这个流程行动，并认为这就是好的规划，其实这样理解是不对的。提到计划的时候，脑海里涌现的印象就是"先固定一个框架，然后非常融通灵巧地留出一些空白"。如果非常严谨地拟定一个计划，那么在留白的地方可能会产生的东西就会被排除掉，这是相当可惜的。

在讨论会中常常会看到这样的例子，如果有四个人参加，就根据四个讨论者所分配的时间决定提出十个问题。一个人回答一个问题的时间是一分钟，像这样非常具体、严密地决定好的话，每个人回答的时间就非常短，自然无法听到热烈发言的盛况。理想的做法应该是，一开始先说明要点，之后借助彼此间的互相作用就可能激发出一些东西。

所谓有趣的讨论就是大家的意见能够互相交错结合，甚至一瞬间好像陷入混乱中，然而从混乱中又有什么东西脱颖而出，这可能是以前从来不曾有过的。在这一刻大家的意见再度互相交错，也许会陷入无法协调的迷茫中，然后从这里又再一次地提升，这种随机性的过程在切分得非常仔细的流程中几乎是没有办法产生的。

但是对于具有规划力的人来说，为了不让出席的人有"今天这场会议到底是什么样的""今天是为了什么开会"的疑惑，他们会谨守分寸，并且也一定会预留一些空白。**在最低限度下必须决定或者非做不可的事，一定要非常严谨地掌握，在不背离这个重点的情况下，让中间的事情缓缓地进行，总之就是抱持从容的心态处理一切。**

日语中有意为"游走"的词语，例如"让他游走其中"，这是相当含蓄的用词。操作汽车的方向盘的时候如果轻轻转一两厘米，轮胎是不会转动的。如果没有像这样的"游走"空间存在的话，那么在高速公路上只要稍微转动方向盘，马上就会撞上旁边的分隔岛，导致严重的车祸。

各位要记住，游走或是留白，也就是"空间"其实是非常重要的，它会带来能够意外开启快乐的根本要素，含有这种留白空间的感觉就是规划力。

本书呈现了各式各样优秀的规划力的例子，但最终想让大家看到的是，之所以在突发危机的状况下也能够灵活变通地做出最好的判断，就是靠着规划力的支撑做到的。**只要锻炼好规划力，一定有很高的概率可以避开人生危机，这是我想**

通过这本书让大家知道的。

让意志变得强韧，应对任何事情都能游刃有余

　　完全不具备规划力的人是不存在的，一个人不擅于规划，并不表示他不具备任何规划力。只要是有关他喜好的事物，他还是具有规划力的。

　　所以看清自己最拿手的规划领域和类型，然后和工作做一个联结就可以了。结果可能有人会说："那家伙对于小的规划非常拿手，那件工作就交给他做吧。"如果知道了彼此擅长规划的事情是什么，那么从此之后比较细微的收集就交由他来做，或者比较整体性的事情就交给她，如此一来工作的分配就可以非常顺利，对组织来说也大大提高了效率。

　　我和编辑一起工作的机会非常多，我会根据各个编辑的类型而重新组合更改我的规划。例如脚力好的人，就让他去逛书店，把可以作为资料的书籍收集回来。如果是非常严谨类型的人，那么就麻烦他做最后的校对和一些细节内容的确认。也就是根据这个人擅长的规划力而灵活地分配工作。活用这个人具有的规划力，并且将它扩大强化，以这样的方式来完成工作，对方会因此而更具自信，也就更能够提高团队的效率。

我认为要圆满地完成一项工作，只要非常清楚彼此属于或擅长哪种规划力就可以了。如果一会儿想着这个人是什么样的性格，一会儿又想着他具有什么样的经验，反而会因为信息太多而让头脑混乱。但是如果只考虑他擅长哪方面的规划，而不必去分析整体的人格，就会变得轻松多了。只要能够做到把工作和互相拿手的规划力结合，就能让各项工作的齿轮非常紧密地咬合，使所有的事情可以顺利运转。

　　如果接到人事变动的命令，那么带着自己最擅长的规划力去应对新工作就可以了。倘若是从管理部门突然调到营业部门，虽然工作内容完全不同，也不要因此感到害怕。如果对于自己已经养成的规划力有所认知的话，那么无论工作内容怎么变动，你都会看到它们的共通点，绝望当然也就离你远去了。这是非常重要的事情。当工作变动的时候，只要对自己的规划力有信心，就可以积极地迎接接下来的工作。

　　任何事情都有所谓的核心，如果具有这方面的经验的话，好好地积累这些经验，自然而然就会出现一定的法则，这就是被培养出的规划力。法则化的东西会成为一种技巧，一旦技巧化之后，不论框架中的要素怎么改变，法则是不会改变的。

　　当部门有所变动，工作因而改变了，凭着已技巧化的规划力勇往直前就是了，没有什么好害怕的。认为人事变动之后工作也跟着改变，一切又要从零开始，和认为凭借在管理部门培养出来的规划力就足以应对，这两种思维得到的结果是截然不同的。

福泽谕吉在大阪的绪方塾中把荷兰语学得非常透彻，但是到了横滨之后，他发觉当时的潮流已经变成英语，因一时难以接受而陷入绝望之中。但是在他重新整理思绪后，英语能力也随之快速提升。这是因为有关学习的规划力已经内化为他本身的能力，因此学习英语并不是从零开始。

从这个角度思考，那么工作将是使你的规划力化为你体内一部分的机会，这么一来，你就会明白每一种工作所需要的信息，以及详细的规定都只不过是转换的一个要素。这样的思考方式是让你的意志变得强韧的好方法。

整理房间、写文章或者制作管理文件，看起来似乎是完全不同的活动，但是当你了解到所有这些都只不过是变动的要素，只要将这些要素填入规划里，其实都是一样的。借由这样的思考方式，所有的现实也就慢慢地越来越容易组织，对新的状况也能积极应对，这就是规划力的作用。

例如，在利用舞蹈培养规划力的时候，f（舞蹈）就是透过舞蹈课所得到的规划力，如果将它活用在经营上，就变成

f（经营）了。其中的要素由舞蹈转换为经营，虽然有这样的变动，但规划力（= f）却是没有改变的（参照图②）。

图② 规划力的应用

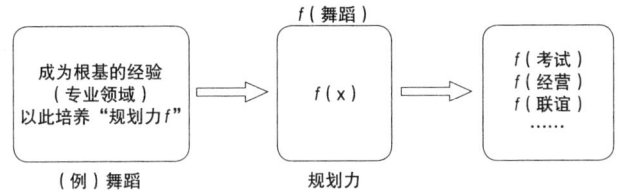

"规划力 f"的要素（x）可以随机变换

规划力到底是什么能力

看清本质差异的能力

　　如果将规划分为十级阶梯的话,你可以说现在在第三级阶梯,或者说已经走到第八级阶梯了,你所到达的层级可以很清楚地说出来。

　　如果以图来表示就更容易明白了,图③的线代表规划,它就像非常坚固的阶梯的每一级,而联结这些阶梯的垂直部分,代表的是某种飞跃,如此一级一级地去掌控的话,就能顺利登到上一级。

　　每一级阶梯都非常重要,因为它们所体现的本质都不同,也就是说每级阶梯都是不一样的。将这些不同本质的活动妥善

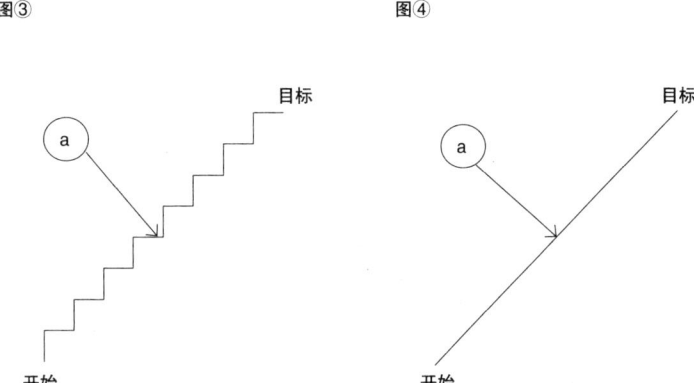

分配并完成，就是所谓的规划。类似的活动看起来似乎是同一个活动，但是它们的本质在某个地方一定有所不同，能够看出其变化重点的称之为规划力，而将其"加以区分"是一个关键。

图③的线在本质方面呈现阶段式的分割，是以非常明确的阶梯组合前进的，而图④的线没有什么本质的变化，只是以量的变化持续向前，这两者的差距是非常大的。若只是单调地在量上面不断累积变化，那么最终目标在哪里，行进方向是在向目标前进还是在倒退，是不是一定能够走到终点，这些都不容易分辨出来。相较之下，在本质方面有差异的阶梯就能非常准确地掌握，因此能以较从容的心态往前行进。

只要想象一下阶梯和斜坡的不同就可以明白这个道理了。

和始终是一条直线延伸下去的斜坡相比，阶梯比较容易攀登，也容易找到攀登的实际感觉。加以分段使之容易往上攀登，就是规划力的基本图像。

阶梯是人类最合理的发明之一，金字塔以阶梯状往上延伸，阶梯的式样至今仍然没有改变，而且从公元前到现代社会，随处可以看到阶梯的存在，由此可以知道这是非常令人惊奇的发明。自然界的形态可以说是松松散散地连续而成的，将它改变为非连续，甚至省略一部分，分出强弱并加以隔绝，在到达终点之前使它有清楚的高低起伏，这就是人类具有智慧和文化的体现。

阶梯的优点就是，只要跃过一级就会为你带来更大的干劲，而且你可以充分感受到这一点。如果是直线的话，即使跃过了其中一点，你可能也难以感受到。**沿着阶梯前进的话，如果在中途的某个台阶踩空了，你马上就会察觉其中的差错，这个错误可以在这个台阶的范围内掌控住，这就是阶梯的神奇之处。**

假如在图③的a点发生错误，因为它的本质有别于其他阶梯，所以可以在这个范围内做修正。也就是说，即使a点因出现漏洞而发生漏水的现象，只要用最初的器具加以好好规划，妥善地掌控住这一阶梯，就可以阻止水继续蔓延。

但是图④的a点漏水的话，其影响会波及到什么程度就难以估计了。发生错误是难免的，但是如果能够严谨地划分清楚，错误所波及的范围是可以有所限制的，这也是规划力的一大作用。

当发生错误的时候，不让它再度扩大，而能够事先准备好承受器具的人，我们可以说他具有规划力。但是如果因为一个错误而使得水完全漏尽，那么我们只能说他缺乏规划力。在觉得自己运气不好之前，先思考一下自己是不是准备好了能够预防错误或突发事故的规划才是最重要的。

总之，以本质的不同将活动做划分是非常重要的。人们大多按种类加以分类并标上号码，把所有的活动做均等分配后分别归于各个号码下，将本质相同的活动放入同一章里，再根据节的不同加以整理，让各层级清晰分明。

这就是组织规划时的一个关键，章、节和项在层级上是不同的，重要性当然也不同。过度拘泥于细节就会忘了大的构造，到了预定完成日很可能只能交白卷了。换句话说，到预定完成日能够依照规划提交八成的人，和因为过于讲求精细而不得不在中途停下来的人相比，被录用的应该是那个已经完成了大框架的人。

对于不同本质的东西能够非常清楚地区分，也能够看出活动的本质在什么地方发生变化，这样就可以说已经具备了规划力。有了规划力，所有的事情一定会比目前进行得更为顺利。

能够配合各种人的规划能力

在处理事情之前拟定好每个步骤称为行程安排，行程掌控能力和规划力是不能画上等号的。

首先要了解的是规划力有许多不同类型，而行程掌控能力只要能够把计划建立起来就可以了，所以它是非常单纯而容易理解的，只要稍微练习就可以让这种能力变得更强。但是**规划力就没这么单纯了，因为它是因人设事的，配合着各种不同的人会分为好几种类型。**

把细致的行程安排好并且切实执行，当然也属于规划力的一种，但是如果不能做到并不表示规划力不好。简单地看看人们在旅行时所呈现的类型就可以明白了，一种人是在去之前就充分了解哪一天的什么时候将在哪座城市，另一种人则只买了来回机票，随性而为，完全不在意自己将在哪里待几天的。

我毫无疑问属于后者，以前因为学术会议而前往挪威的奥斯陆，既然是大都市，所以完全没有去想酒店是否有空房，因而没有做事前的酒店预订。结果不论哪一家酒店都是满客，我只好拖着行李半夜坐电车到小镇去，对我来说这是非常悲惨的回忆。这就是后者这种粗枝大叶型的人最大的弱点。

不过从另一个角度来看，正因为这样，我对所住的那家旅馆印象特别深刻。我住进一家平常绝对不会光临的廉价旅馆，中途还遇到一个可疑团伙想抢走我的行李。此外，当我一时找不到饭店而在车站徘徊的时候，亲眼目睹了看起来像是当地不良少年的年轻人们破坏公共电话取走了里面的钱，这可真是难得的体验。也就是说稍微改变一下想法，这未尝不是非常有趣的体验。

总之，规划力是一条非常微妙的线，如果太细微地做一些计划，经验的范围就会变得狭小，那就很难从中寻得乐趣了。话虽如此，可是如果没有拟定好计划的话，效率会变得很低，自己一个人行动的时候还没什么问题，但如果是和别人一起而因此拖累他们的话，很可能引发不愉快的结果。对于这种情形你只要想象自己是一个不具备规划力的上司的下属，应该就很容易体会了。

这么说来，到底需要拥有什么样的规划力呢？这和个人的类型有关。对于突发的事件或正在发生的事能够往好处想，也就是说对于任何事态都能乐观面对，而且具备处理能力的话,那么就不需要做那么精细且固定的计划。但是没办法处理预定计划以外的事情的人,某种程度上还是要做计划的。

不偏离大框架和不弄错优先顺序的能力

这次我想利用"规划力"这个词传达的,是关于不偏离大框架和不弄错优先顺序,这对所有的事情来说都是最最重要的部分,但是因为缺乏这种意识而导致失败的例子却出奇的多。

例如,在解答考试题时,大多数的人不管怎样都只从最开始的题目逐一解答。其实一开始的题目得分通常都比较低,一旦在这里耗尽你的能量,就无法解答后面得分较高的题目了。这是大多数日本人的倾向,当然可以说这是他们认真的一种表现,但是没办法切实掌控重点也可以说是一种弱点。

有一次在东京大学上课的时候,我让学生们根据自己"突破障碍"的经验发表每个人的看法,其中一个理科生述说了他的经历。他到高中成绩都不怎么理想,多亏有位老师给了他一个建议,使得他的数学成绩突飞猛进。这个建议就是"从后面开始解答问题",结果以相同的实力应试,这种解题顺序让他的成绩提升了很多,最终考上了东大。

在某种意义上,学校的考试是锻炼拟定优先顺序的机会,但是没有善加利用好好处理的话，依照题目的顺序解答的习惯将会如影随形地跟着你，这是相当危险的，所以一定要非常小心。

我身为出题者，非常清楚出考题时都是由简单的问题到困难的问题依序排列下去，学生一般都是按照题目的顺序解答，结果最重要的、我最关心的问题却因为时间不够而无法触及。如果不用逆向的顺序来排列解题先后，这些问题的解答率会非常低，能量就无法发挥在重要的问题上。

这和成功或失败也有关系，成功的秘诀在于将能量投注在最为关键的重点上。与其说是看的能力决定成败，还不如说根据他如何使用能量的方式决定成败。

我在写《周刊文春》的"说教名人"专栏时，为了介绍拿破仑，把有关他的书又重新看了一遍，结果发现拿破仑描述战争的一段话非常有趣。例如在《拿破仑言行录》中写道："所谓的军事学，就是计算在要接收的各个地点需投入多少兵力。"也就是说，在最大的胜负点上注入最大的兵力，绝不让决定性的瞬间逃过，这是非常重要的。按照试卷的顺序解答，这种刻板式的做法实在算不上好的规划。**所以做任何事都要分辨出先后主次，这就是规划力。这点一定要深深烙印在心，而且必须随时意识到这一点。**

能够调整顺序的能力

　　有一本名为《规划君》的漫画，这里所谓的规划是指非常清楚地掌握要领的意思，书中主角是一个非常有效率的能干的人。当然，像"规划君"这种刻板式的但是却能掌控时机处理事情的规划力也是需要的。

　　不过总结来说，本书所说的规划力是利用把事情分出先后主次再适当地使用能量的方法。在某些地方你可以很轻松地带过，但是一旦认为这个地方就是决胜点的时候，就要投入最大的能量。能干的人大概都是这样的，我想无法有效掌握先后主次的刻板式的能干的人应该不存在吧。

　　一个学者投入十年光阴在他的工作上，看起来似乎是刻板式地持续着，其实在这十年里面，他将他的思考能量完全投注在一个题目里面，这也是把它的先后重点做出有效处理的行为。因为如果选错了题目导致失败的话，那么在他人生中的几分之一的岁月将全部遭到否定。每天的行为似乎都淡然无味，但是在题目的设定和构成上所花费的能量以及投入状况都需要非常大的规划力。只对这些事进行刻板式的规划是不行的，在第十年后他必须针对这个题目集其大成，做一个完整的总结，这就必须依赖有先后主次的规划顺序才能获得成果。

　　要做出有先后主次的规划最重要的一点是，重新调整手里掌握的东西的顺序，以自己的方式加以组合。日本人因为性格认真，所以有一种强迫观念认为凡事都得遵照顺序，即使是阅读书籍，大部分的人也都是从第一页读起，但是在中途遇到挫折后即告停止，通常没办法读到最后。

很少有人认为跳跃式的读法很正常，在一般人的观念里这样是不对的。其实大部分饱览群书的人阅读时都是采取跳跃式的读法。看似在凌乱地跳读，实际上在最重要的关键投入了最大的能量，然后把它变成自己的东西，这也是阅读的一种规划。

所谓的规划力，并不是要计算读一页花多少时间，然后依此基准拟定阅读到最后的计划。决定应该把自己的能量投注在什么地方的、构建大框架的能力才是规划力。这样的判断力在生活的各个层面也都被同样地要求着，而拿破仑的战争可以说正是集这种规划之大成。

拿破仑的战争像戏剧一般展开，有人把它视为三部曲，"三部曲"为的是"起承转合"，在组织规划上面，这是一个最基本的概念。战争当中军队没有办法看到整体性布局，所以无从判断自己当下处于什么样的状况。但是对于用组织大框架的规划来看事情的拿破仑来说，即使受到意外的攻击，他也不会因此而动摇，最终能够坚持到获得最后的胜利。

享誉日本职棒大赛的获胜率最高的西武狮队的森教练，对于如何看待日本职棒大赛一事说了一段意味深长的话。他说："日本职棒大赛一共要打七场，你所想的是非赢四场不可，还是认为可以有三场失败的机会，想法不同迎战方式将因此而不同。我本人是以可以有三次失败机会的方式来计算，然后组织规划。例如在决定先发投手的时候，如果只是想着赶快获得四胜，那么就会露出破绽。最后第七战所派出的先发投手以及第三棒、第四棒其实才是真正决定胜负的所在，所以我是以在第七战倾全力决一胜负的计算方式祭出战略的。"

这段话可说是对规划力做了很精辟的解析。

引发出比你拥有的资质更高的能力

为了获得所规划的效果而事先设定状况，被这状况所逼而在不知不觉中引发出能力的例子屡见不鲜。在体育界，为了增强选手能力而做的规划中也经常使用这种方法。

有"日本足球之父"美名的德国人德特马·克拉默在1964年东京奥运会和1980年莫斯科奥运会时担任日本国家队的教练，他所揭示的"让足球更强的五个要素"完全显示了规划力的本质，颇值得我们深思。

根据运动杂志 NUMBER 的报道，克拉默为了让日本队变得更强，首先主张要多进行对外的比赛，对外比赛能让选手的意识有所改变。另外，必须建造草皮球场。从增强选手能力方面来看，草皮似乎并没有那么重要，可是如果球场的设备完善的话，会让他们有跃跃欲试的感觉，相对的，技术也会随着热情而改变。也就是说因为状况的不同，所引发出来的技术和能力也会有所不同。

这实在相当有趣，**未必非得直接注入他的身体内部，只是因为有设定了状况的规划而使得其内部变得更充实，这就是规划作业异常美妙的地方。**

这么一想的话，日本职业足球联赛①（以下简称J联赛）本身就是一项规划作业，可以说是以J联赛主席川渊三郎为中心的许多人的规划力的结晶。在设立J联赛的时候，并不要求相关人员非得是有名的足球选手，川渊只是非常凑巧曾经是日本足球队的代表选手，但这并不是必要条件。不是选手也无所谓，只要具有制造J联赛这个器具的规划力的人就可以了。J联赛的主旨是不断培育选手，因此让日本的足球水平提升了许多。联赛所做的并不是培育所谓真正的实力，而是将实力引发出来，为了引发实力而设定状况是非常重要的。

---

① 日本职业足球联赛（J. League）简称J联赛，是日本最高级别的职业足球联赛系统。2016赛季，J1联赛有参赛队伍18支，J2联赛22支，J3联赛16支。J联赛在早期为日本足球建立起较好的基础，使日本成为亚洲最具实力的足球强国之一。——编者注

约会的时候也是这样，虽然自己没有特别出众的魅力、容貌或口才，但是只要把对方带到夜景特别漂亮的地方，在这种状况下女性答应说"好"的可能性是很高的。立刻就要具备过人的魅力毕竟很难做到，但是以规划的观点来看，选择一家气氛很好的餐厅让女性觉得开心，相信任何人都做得到。

如果知道规划出某种状况是可以将人的力量引发出来的，那么对自己的能力就会抱有信心。但是如果原本拥有的力量难以与人一较高下，你可以试想规划力可以引发出比你原来的资质层级更高的东西，如此一来就会对未来抱有希望。借此状态引发出能力，不断地重复操作几次之后，这个能力就真正属于你了。

所谓的规划就是这样的东西。在武道或演艺界有初段或三段等段位之分，当你达到一个段位之后，你会因为想晋升到更高的段位而不断磨炼自己的技术。由于想要系上黑带，相对的就会产生一些自觉，进而促进成长的例子可以说不胜枚举。由此可知，营造适当的环境，也就是说器具可以不断地培育人才。

这么说来，对自己真正具有意义的就是这些器具，适当的器具就像是培育自己的内在或本质的培养皿一般。现在你应该可以明白器具的作用以及使它变得完整的规划力的重要性了吧。日本人过于重视个人的内在和本质，对于外部的器具或规划却很轻视，这是一大缺点。

③ 必须经常意识到规划力

建立"规划力是重要食谱"的概念

具有规划力的人面对现实的时候能够非常冷静地处理,若以料理来比喻就很容易理解了。我最初使用规划力这个词大概是五年前,是在一个演讲会上说明的,当时一个五十岁左右的女性表示她深有同感而且十分赞同我的观点。

这位妇人特别强调规划力在现实生活中是非常非常重要的东西,她在做菜时深刻感觉到这一点。做菜时若规划得不好的话,就没办法进行下去,也没办法顺利完成。这位妇人彻底地训练并要求她儿子学做菜,目的就是为了锻炼他的规划力,她也的确明白了规划力这个词语的重要性。

的确如此，要完成的各种事情可以用制作料理来进行最基本的比喻。因为大部分的东西都和料理一样必须拥具有材料，然后才能开始，什么都没有却能从中生出什么的工作，在现实中少之又少。绝大多数的东西都是先有了材料的集合，然后才开始自己动手完成。这样制作东西的活动是原理十分简单而且印象也非常清楚的活动。

我是教育学的研究者，工作是教导学生如何进行教学。很多人教课时只是在学生之中叽叽喳喳地把自己想说的事情单向地全部说出来。教学不是演讲，应该为学生提供一些好的材料，然后给予刺激，让他们以自身大脑里产生的各种想法和灵光把这些材料变为完整的东西，这才是构建教学的原有姿态。

总而言之，材料这种意识是非常重要的，无论称为材料或教材都可以，要怎样找到这些东西就看教师的能力了，这和料理的方法真的非常相似。我把教学的方法称为食谱法，这样比较容易理解。总之就是需要什么材料、顺序如何、最后如何完成，以这种食谱的形态来进行的话，学生就不会脱离教学的本质，也能有效地对教学做规划。

做料理的时候如果一开始没有准备好材料，等开始要做了才发现缺了什么东西，匆匆忙忙地跑去买，那是非常荒唐的事情。所以如果没有食谱的意识，实际工作时就经常会发生这种荒唐事。例如在出版界，编辑的工作就是规划后加以组合，当然校对的时候发现错字必须更正，或者计算成本等等也是编辑的工作内容之一，而最主要的工作仍旧是为了使全体的工作得以顺利进行而加以管理。

也就是说，编辑的工作就是规划力的浓缩版，但是其中也有许多编辑对于自己的工作有赖于规划力这样的意识非常薄弱。规划就是他们的生命，但往往就是缺了这个东西。

如果认识到自己的工作核心在于规划力，也就能够看出工作的本质。因为大脑里没有这个词的存在，所以不管是什么活动老是丢三落四，缺少什么重要东西或者漏掉什么都不易察觉。甚至可能在一个重要的活动之前忘了联络对方，等所有的工作人员都到齐了，却无法配合最重要的来宾的行程。如果来宾不在场的话，大家集合在这里就完全失去了意义。"最重要的人一定得好好掌控住，工作人员少一两个也没什么关系。"这种让人笑不出来的笑话在现实中真的发生过。

只要认识到"自己是靠规划力吃饭的"，那么对于规划组织的方法也一定多少会有一些意识的。

第五章

锻炼规划力的方法

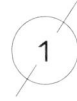 **从成品推测它的规划**

在"木糖醇口香糖"出现以前

在锻炼规划力的时候,通过利用优秀的规划力所做的成品来看透规划力的训练是最有效的。《设计的解析1·乐天木糖醇口香糖》这本书可以作为看透规划力的练习教材,而且内容相当有趣,它主要解析了乐天木糖醇口香糖在设计开发上的规划。起初在规划时是以不会造成蛀牙而使用人工甜味剂的口香糖这样十分明确的想法为基础,也就是把洁牙的图像具体化了。

在包装图样的设计上,从好几件设计方案中采用了使"洁牙的图像具体化"这一想法，Dental是"牙齿的"或"牙科的"的意思，在这里也有像牙膏和牙刷这样看得见的，与洁牙相关的设计的意思存在。不把糖果当作糖果类来加以设计，而是采取洁牙这一类的图像来做设计，之后再把它和糖果做对应并加以验证，就是以这样的顺序来使包装设计作业向前推进的。

首先先打出非常明确的视觉形象和概念，接下来在其他领域里寻找可以形成图像的东西然后加以调和，使现在所需要的东西和它做呼应。也就是以牙膏的软管为图像做成口香糖，尝试进行这种有点勉强的组合，而结果却产生了全新的不一样的东西。

象征乐天口香糖的标志（参照图⑤）也是崭新的，这是从上面往下看牙齿时的图像。这个上下左右对称的标志是为了便利而设计的，当把它放在便利店或车站前的售货店时，不管是纵放还是横放都可以。至于颜色方面，想要呈现自然的感觉所以选择了绿色，只是绿色又太不显眼，于是加上了金属的光泽。

图⑤　木糖醇口香糖的标志（摘自《设计的解析1》）

这本《设计的解析1》对作为成品的乐天木糖醇口香糖这一商品在完成之前的各个方面做了非常有趣的解析。一般人在看商品的时候很少去注意它的完成过程，但若以这样的剖析方法一项一项去看的话，你将会发现身边很多小小的产品里头都有让人意想不到的点子。这么一来，从成品逆向操作即可推断出它的规划，这也是锻炼规划力的重要训练。

试着在设计表上写下你的规划

如果你可以透过成品如照X光一般地去观察它的制作程序的话，就表示你已经可以自己组织规划了。我很积极地把这种方法引到我自己的研究或授课中。我让学生去看已经完成的商品，让他们针对这件物品是怎么完成的试着在设计表（参照图⑥）上写出其中的规划。比如写出像随身听之类的商品的企划书，这就是在训练他们的规划力。规划在本质上是属于时间性的东西，成品就是吸收时间之后完成的物品。而训练则是以逆向思维将它引出，解析它是以什么样的顺序和优先序列，依照什么样的概念制作的，这也是一种锻炼脑力的训练。

所规划的每一个步骤未必都是均等的。木糖醇口香糖的例子中非常明确地把"不使用会导致蛀牙的人工甜味剂"的概念放在里面，以此为中心来做规划，所以目标和中心概念始

图⑥ 设计表

设计表（食谱）		日期
	班级	姓名

▽对象

▽主题（题目）

▽目标
 ·
 ·
 ·

▽材料（素材）
 ·
 ·

▽关键词（关键概念）
 ·

▽阶段
 ①
 ②
 ③
 ④
 ·
 ·

▽训练（背后的规划）
 ·
 ·
 ·

终存于其间，也就是各种不同的规划都从这里逐渐附着形成。说得大一点的话就是有没有提炼出明确的概念。如果这里不明确的话，其他的事情必然都无法确定。如果这个部分能够明确设定，那么细微部分例如颜色、包装和标志等自然而然地就从这个概念被引导出来了。

与其一开始就期望自己能想出世界上没有的商品，不如**把既有的一些非常优秀而且热卖的商品或点子以逆向方式写出一张设计表，并再三加以练习，这是掌握规划程序的最佳捷径**。这样的练习越多你就会越顺手。

设计表其实是一个非常简单的东西。前几天我在小学生的补习班里做了一个锻炼规划力的练习。首先我放了十分钟的《日本语游戏》的电视节目录像带，然后让他们在设计表上写下规划过程。一开始的时候小西先生出场，然后野村万斋先生出来了……慢慢地有了区分，小学生也能够立刻分辨出十几个步骤。通常我们只是看着电视节目进行，现在则可以用不同的眼光来分析节目是以什么样的顺序制作，以什么样的组合进行，由此我们便可以了解到它在制作上有着非常清楚的思路。把这些程序写在设计表上，就可以清楚节目的流程和构造了。

再进一步，我甚至要他们在体育馆里踏步，背诵，用三色笔画线，最后把当天所做的事情写在设计表上。结果这群小学生都明白自己所做的事情的结构，一旦了解了构造，他们甚至可以代替我去讲课了。总之，如果无法拟定这种规划，那么你永远都只能扮演学生的角色，只要把自己做过的事情记录在设计表上，你就可以从学生的立场转变为老师了。

设计表既简单又非常容易使用，把所有东西都放进去就可以了。和做事能力很强的人一起工作时，将他的工作规划全部写下来，你会进步得非常快。你可以非常清楚地看到，工作能力强的人并非拥有什么神奇的力量可以运用在工作上，而是因为他能妥善地运用规划力，所以做起事来非常顺利。我们说一个人具有领袖特质，并不见得因为他拥有什么大成就，而是指他擅于组织并加以规划，明白了这一点你也有机会成为具有领袖特质的人。

当你要提出各种点子的时候也可以使用设计表，如果你已经习惯把已完成的某种商品或者系统填进设计表里，那么你可以练习把目标以及材料的部分改为别的东西。最好的做法是先利用已经熟悉的东西来练习，然后再慢慢地做变化。

在固定条件下做规划考虑

前几天上课时我给学生的讲义中使用了设计表，要他们以时刻表当作材料设计教学课题，结果出现了非常有趣的点子。例如，假设有一件谋杀案，那么凶手是搭乘哪一班电车逃亡的，让学生看着时刻表找出正确的答案；或者假定他身上只有一定数量的金钱，引导学生以时刻表来思考他可以逃亡到多远的车站——就像这样做了很多设定和思考。

有时候先限定材料再组织规划，点子反而很容易出现。规划时完全没有材料可用而必须靠自己思考的话，在还没习惯的时候是相当困难的。材料在某种程度上已经固定了，在这种状况下重复练习组织规划，等到习惯了之后就可以自己找出材料，利用这样的方法我想应该可以锻炼出规划力。

或者将某个部分固定下来大家一起思考，那么可以将每个人想出来的不同点子和规划组合的差异做一个非常清楚的比较。如果所有的东西都有所变动的话，那就没办法把每个人的点子整合起来了。只把目标固定化，或者关键词固定化，或者材料固定化，这样大家在组织这个规划的时候，点子就会变得比较有层次，然后大家利用这些互相讨论，慢慢地就可能越来越契合，这个规划就会渐渐提升并完成。

我认为这是开发商品时的铁则，同时也强烈感觉到点子必然可以由此产生。正好这期的《钻石周刊》杂志对创意商品做了一个解说，只要你非常精准地组织规划然后进行思考的

话，点子一定会产生。总之，突然要从完全没有的地方想出点子，还不如在一个固定条件下产生点子。我认为在一个很妥当的限定条件之下利用设计表可以产生相当数量的点子，而且必然会产生。

在开发商品时使用设计表可以看得更清楚。在上面写上有关畅销商品的规划，在筹划新商品时可供考虑之用，由此一来这个规划就引出了新的商品。这足以见得在引发出新点子上，规划发挥了相当大的作用。点子不是从天上掉下来的礼物，也许应该说，等它从天上掉下来之前的这段时间必须要有所规划。

② 抱持"以规划力这把刀切东西"的观念

对于从成品中透视其规划的练习，纵然没有设计表，只要你稍微用心一点，那么不论何时何地都可以做，只要用规划力的眼光来看周遭发生的事情就可以了。

做料理的时候并不只是按照食谱来做而已，如果你通过练习看出制作这个食谱的料理高手的规划，那么不管你做任何事情，这个规划力都会动起来。看电视的时候想一想这些节目是以什么样的结构在进行，思考一下幕后的制作群如何制作了这档节目，这种练习可以锻炼你的规划力，也就是说以规划这把刀去切东西的练习是非常重要的。

以这样的观念来解读小说的话，你会得到很多意想不到的收获，《堂·吉诃德》就是很好的例子。堂·吉诃德给人的印象是一个被妄想驱使的人物,因为读了太多有关骑士精神的小说,所以脑子里充满幻想,几乎和现实完全脱节,因此我们实在很难把他和规划力这个印象画上等号。但实际上他是一个非常有行动力的人,只要他在哪里活动,现场就会跟着动起来,从这层意义来看的话,他显然是一个可以制造出新的现实状况的相当具有规划力的人。

总之,他准备了非常充分的道具,亲自去选马,最后选择了洛西南特成为自己的爱马。他甚至想要有一个符合自己的骑士名字,经过一个星期的努力思考,终于为自己取了"堂·吉诃德"这个名字,他果然非常擅于规划。他甚至还为幻想中自己心爱的公主取了名字,也为了调度资金而变卖了许多东西,充分地发挥了具体的规划力。不过,一个没有侍从的骑士实在有失颜面,所以他决定邀请桑丘·潘沙。

堂·吉诃德找了一个住在他附近的老实人(话虽如此,但是这种说法通常不过是对贫穷男人的尊称罢了),但却是一个非常没有头脑的老百姓。总之他对这个人说了非常多的话,然后终于说服他并和他有所约定。这个可怜的乡下佬终于和他一起出发,下定决心跟在他身边做他的侍从。

他有十足的能力影响别人，改变别人的人生，从这段短短的文章中就可以看出，他是具有这样强大的规划力的男人。如果你没有规划力的概念，那么阅读《堂·吉诃德》这本小说时，便只是觉得有趣好笑，然后可能就很快地浏览过去了。

正因为有了这些准备作业，换言之就是因为有了规划力，所以堂·吉诃德才能够开始他的冒险旅程。如果你能够认知到所有结构的基础都在这个地方的话，那表示你已经有了规划力的概念。语言的威力是非常惊人的，仅是运用语言就足以使自己成长，这是一个重点。在各种不同的场合里，你都要带着规划力这把利刃，借由利落的切割，规划力的概念会变成一种技巧深植在你的心里。

在你所有的生活场合里交互地运用这样的观念，那么规划力本身的力量便会不断地增强，你的心情会变得轻松自在。即使人格被否定了，但是属于你的根本的能力是永远不会被否定的。**人性的本质基本上是不太会改变的，但只要对规划力有稍微明确的意识，就可以利用练习来延伸，人生会因而抱有希望，工作也会变得更愉快。**你甚至会奇怪以前为什么没有这样的词语存在。

从小规划开始扩展技巧

规划分为小规划、中规划、大规划,总之它是有大小之分的。有人所思考的是几十年几百年这样长期的事情,也有只擅长做非常细微的规划的人。在预约餐厅或者安排假日计划上无人能望其项背的人,应该就属于后者这种擅于短期小规划的人。使组织灵活运作或者让团体里面的干事各司其职的是属于中度的规划。至于总统或首相这些人,他们必须让更多人活动运作,必须能够看透整个系统而做长期性的大格局计划,这就需要大规划。

一开始先从小规划进行练习,然后逐渐扩大规模,这是获得进步的不二法门。如此按部就班地练习,就像初进饭店工作,先从打扫厕所开始,接下去牢记客房的相关事宜,然后是负责柜台的工作，慢慢地涉及资金调度以及人事的安排，有了这些经验之后，最后终于成为管理整个饭店的经理。

绘画也一样，一般不会一开始就画几十号大小的画，大概都是从手这类小的部位开始练习，等经过彻底练习已经画得非常好了，再开始练习画面部。有了这样的基础才开始画人物，接下去再画人物周边的背景，以这样循序渐进的方式逐渐地越画越大，如果不按照这样的方式去做，所画出来的大号画会显得松松散散的。

目前自己拿手的到底是多大范围的规划力，什么范围内的规划力是自己不擅长的，是大规划、中规划还是小规划，以范围大小的观点来看规划力是相当重要的。

如果把规划的格局以图表表示的话，就像图⑦那样，对人生规划这种大规划非常拿手，可是却不擅长时间分配这种小规划的人属于左上的B区，是"虽然马虎但能精准地掌控大重点的人"。做事既认真又脚踏实地，可是对大规划却无法掌控的人属于右下的D区，也就是"不能成大器"的人。

不擅于料理或者做家务这类细小事情的规划，可是对婚姻的规划却一步也不出差错，能够牢牢抓住老公的人属于B区。在工作上非常能干而且才色兼备，对人生的规划却不拿手的女性属于D区。也有难以成大器却被夸奖说很擅长规划的例子，其实这对他反而是危险的。小规划当然有它的重要性，可是真正重要的应该是思考人生大框架的大规划吧。总之，最理想的就是大规划小规划兼具的右上的A区。

当我们在说规划力的时候，很容易被一个个的小规划分散了注意力，所以我们的意识中必须经常存在着具有结构性的大规划。

图⑦

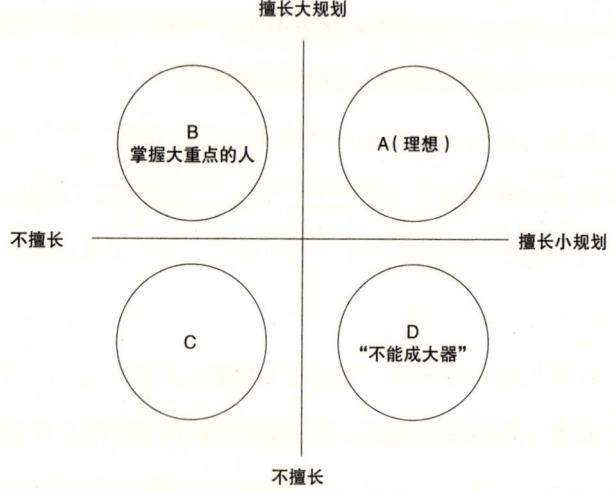

结合意象和材料建造通路

规划有从意象上面着手的做法,也有从材料方面下手的做法。就料理来说,已经有萝卜和胡萝卜这些材料,那么可以做什么料理呢,就像这样从材料开始来制作;还有一种方法是已经决定要做什么料理,为了完成这个料理需要什么样的材料,然后去准备这些东西:也就是"材料主义"和"意象主义"。

如果把意象当作A,把材料当作B,简单地说在A和B之间挖掘出一条隧道让彼此互通是取得成功的不二法门。说到如何培养规划力,就得依靠能让彼此对应的意象和材料联系在一起并呈现出规划力的这一锻炼方法(参照图⑧)。

自己的规划力之所以不行也许是因为没有构想出最终的意

图⑧

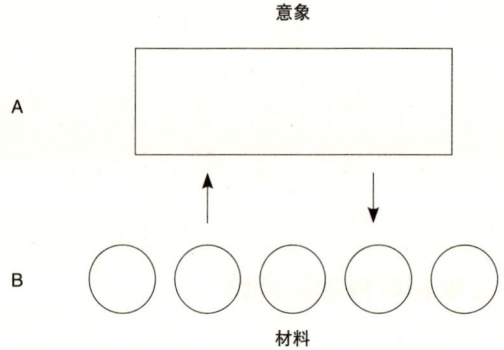

象,也可能是没有准备好材料而让意象空转,如果是因为这些原因的话,那么导入"意象和材料"的概念就可以解决问题了。

最好的例子就是雕刻。如果非常清楚自己要做的东西的最终形状,那么就能以此为基础找出适合的材料加以雕刻,如果缺乏意象就贸然开始雕刻的话,会变成非常没有规划的东西。另外也有看了材料之后再塑造意象而去制作的做法。也就是说先有材料或先有意象都可以,连接意象和材料之间的规划才是最重要的。

但是有很多人没办法填补相关空间,不是停留在不断地述说意象的阶段,就是始终在摸索材料而毫无进展。就像有些研究者四处搜寻资料,任何角落都不放过,但是自己到底想做什么却毫无概念,相反地,也有只是一直述说抽象的意象但却没有任何实际根据的人。以运动来说，它分为基本技术和花式技巧，能够统合而达成最终目标才是最重要的，即使再怎么狂练特殊技巧却始终无法变得很强就是一个很好的例子。这样的人通常缺乏统合的通路，要经常意识到这个通路并加以锻炼，才能开辟出一条康庄大道。

被誉为"料理铁人"的人只要看到材料，料理的完成图就浮现在他的眼前，所有的通路一瞬间就连贯起来了，他们运用这些材料和意象进行再构造的能力是非常优秀的。总之，规划力需要你变通地运用组织力，才会进一步得到锻炼。

如果认为自己的规划力很低劣，首先应该从找出自己擅长什么样的规划力、不擅长什么样的规划力来着手。接下去如果你的规划作业还是不能很顺利地取得进展的话，那么就要检讨是没有好好地看到意象便开始着手了，还是只看到意象而没有看到细微的部分。

我们可以这样区分，只看到材料的材料主义者通常是很注意细节的"纤细型"，只注意意象的意象主义者是只着眼于大处的"俯瞰型"，不过也有两者都注意到的人。优秀的建筑家在设计建筑的时候既可以做大的规划，也可以和业者做比较细微的沟通处理。我的感觉是，会注意到细节的"纤细型"的人当中，存在着也能够处理很专业的大规模事务的"俯瞰型"。而相反地，属于"俯瞰型"的人同时能够做好细致的事情的例子倒是很少见。

有些人可以高谈阔论，甚至好像所谈论的就是国家大事般说得唾沫横飞，却没办法实际行动起来（参照图⑨）。

有意象却没有手段因而无法使它具体化，这种事经常发生，在商品开发时也不例外。即使具有"我想要这样的商品"的意象，但若没有这种技术的话就没办法满足需求。如果没有属于技术上的纤细技巧，那么也只是纸上谈兵而已。只有技术却没有大格局的观点的话，就会做出一些不被需要的商品而终告失败，所以持有将意象主义和材料主义的通路联结的意识是锻炼规划力的一种方法。

图⑨

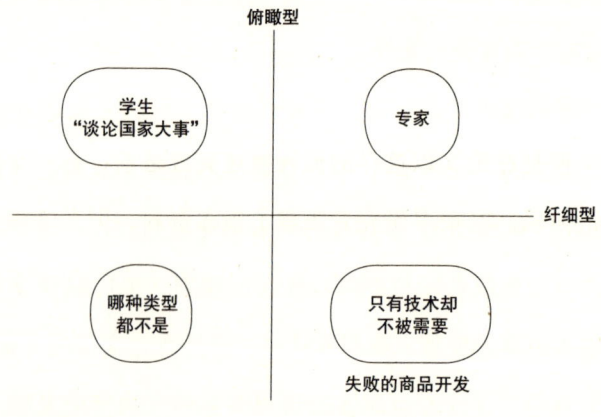

5 使观点和切入点明确化

使观点和切入点明确化也是锻炼规划力的捷径,典型例子就是论文。规划可以说是论文的命脉。绪论部分要以什么样的形式提出问题,然后如何组织使它能够继续论述下去,要使最后结束的形式仍然非常完整,还要提出几个关键词,这就是论文的形式。在被称为文章的文体里,形式非常完整且固定的就是论文。

但是在论文以这样的流程撰述完成之前,有一个收集资料的阶段,有很多研究者收集了很多资料,但是却没办法提笔书写。而能够写和不能写的人最大的差别就在于,有没有贯通论文的观点和切入点,如果没有就无法完成论文了。如果只是先写写看,而没有针对某个题目抽丝剥茧地写出来,那么它只不过是没有归纳性的文章,而无法成为论文。

相反地,如果具有切入点意识的话,就能够做出很好的规划。有了精准的切入点就可以知道自己所需要的是些什么资料,即使有一百册的资料可供使用,但只要三册和自己的切入点有关联的东西就能运用自如了。如果你没有切入点,而是等一百册全部看完再来考虑的话,不但花费了大量的时间,也无法整合出你的论文。

当你想做什么的时候,必须经常意识到自己站在什么角度,面对的是什么方向,这是非常重要的。观点和切入点明确的话,规划就会变得简单,也可以减少一些无谓的劳力付出。

6 重新组合优先顺序

为不擅于规划而烦恼的人当中,因为在时间性的顺序上花费过多的时间而导致失败的例子有很多,特别是日本人因为习惯从头逐一做下去最后导致时间不够,重要的部分反而无法达成。很多人有一个错误的观念,认为非常细致地按照时间的顺序来完成就是所谓的规划,这是大错特错的。

会议讨论也是从报告事项的第二项开始依次延续下去,而到了重要的审议事项时已经筋疲力竭了,所以调整事情的顺序是非常重要的。真正具有规划力的人关心的不是时间顺序,而是重新组合优先的顺序。对于从考卷的第一题开始解答的人,和重新组合后从自己会解答的以及分数较高的题目开始解答的人,结果是完全不一样的。

平庸的人大部分都是根据别人给定的顺序依次做下去，阅读的时候也经常是从第一页开始读，到了第五十页的时候就再也撑不下去了。同样是五十页，但是只撷取五十页中各个重要的部分来读，获得的结果就会大大不同。由此可知，自己能够重新组合优先顺序是非常重要的。可以重新组合的人通常也是具有规划力的人。

所谓的规划力，就是对堵塞的地方进行能量的分配，将最大的能量值投入最重要的地方。如果以必须决一胜负的事情来说的话，就是针对对方最弱的地方投入自己最大的能量，把对方的弱点锁定为焦点而投入最大的能量就可以胜过拥有较高技术的对方了。

懂得在能量最充沛的时候应该做什么也很重要，如果一个人的能量在早上最饱满，那么在早上工作是最理想的，如果是夜猫子型的人，则选择在夜间做重要的工作。

至于规划方面的顺序，首先还是要掌握住大的框架，然后再完整地处理细节。以绘画来说，与手的形状画得非常好但画的整体缺乏协调感的人比起来，完成了整体画像且最后能够把细节补充完整的人会画得比较好。画画好的人基本上对整体的协调感都不错。首先先把外框的范围掌握住，然后再慢慢地填补里面的细节，这么一来，在说着"到这里就全部画完了"的同时画也完成了。这就是规划流畅的感觉。

英文的释义也是这样。当有复杂的文章时,将哪个是主语哪个是动词的大框架掌握住的话,即使不知道里面的其他关系代名词或旁枝末节的名词也没有什么大碍。从开头出现的单词开始按顺序翻查字典,那未免也太累了。而从"只要查出这个单词的意思大体就可以了解了"的单词开始查,就可以及早掌握整句的意思。按单词出现的顺序查阅字典,这是陷入了按时间的顺序来做事的方法。

掌握大框架后决定优先顺序,这是锻炼规划力很重要的一点。

 设定自己可接受的状况进行规划

想象一个完整的状况，就可以引发出比你所具备的能力更优秀的能力，你可以用这种方式锻炼规划力。

几乎所有的人在迫在眉睫的状况下，都没有什么事情是办不到的。一个问题如果没有时间限制的话，做起来的效率和有5分钟时间限制的效率是有很大差别的。这情况就像如果没有预定的交货期，那么无论到什么时候产品都无法完成一样，所以必须自我设定用来逼迫自己的状况，这也是一种规划。

规划的好处在于一旦决定了，那么自己每天起伏不定的心情或者干劲的大小对其都没有影响，根据你的规划行动就行了。可如果是别人为你决定的规划，你可能会因此丧失想做的兴趣，这时候就需要找个人一起重新组织并定出规划。

为了提高学习成效，我一向推荐两人一起努力的方法。一个人学习的时候很容易散漫松懈，两人一起决定如何学习就比较容易完成。我不论是准备高中、大学或是研究生的入学考试，一直都是和朋友两人一起准备，一起决定到哪天必须读到哪里，因为是两人一起决定的规划，所以会尽可能地努力达成。

也就是说，一旦决定了规划，就会在自己的外部产生动能把自身能力引发出来。但是当你感受到压迫的时候，这能力就没办法发挥出来，所以一定要重新组合成自己可以接受的状况，这是必要的手段。就算不是全部更换，只是与更换组织规划稍有关联也没关系，只要产生这是自己做的规划的自信和骄傲，你就会心甘情愿地跟随这规划行动。

总之，必须对状况或局面有正确的认知，设定出非做不可的状况或局面，这也是锻炼规划力的一种方法。我是个对状况和时间设定非常严格的人，这是因为会议时座位的安排方式和开始时间跟之后会议的效率有非常大的关联。座位的安排方式和时间的决定基本上就是一种规划，如果忽略这些事情，最后一定后悔莫及。

最近似乎很流行在上班之前先处理不易处理的事务，这种"朝型工作术"也是规划的一种。早上六点半左右就到公司，在大家到来之前的两小时把非常困难的工作处理掉。仔细想想，这段时间至少可以确保拥有安静和宽阔舒适的一等环境，这以你家里的房租和电费来衡量的话，是相当划得来的事。在这之后你可以很从容地处理工作，也许到下午三四点就可以做完了，接下去的时间就很充裕了。自己的能力并没有改变，可是因为规划得好的关系，就可以很顺利地分配你的能力，因此也能额外获得能干员工的评价。

在众多工作中，有些工作即使再累也能进行，有些则绝对没办法，所以有必要仔细地思考工作的顺序。斯蒂芬·金的著作当中，有一本《小说作法》叙述了他的工作方式。他决定在上午这段时间完全不做其他事情，而是专心执笔。下午是他写信和与其他人见面的时候，晚上则悠闲地度过，所以他的工作时间好像只有上午。的确，如果要阅读的话，即使很疲倦仍然可以做到，可若是要下笔书写，疲倦的时候是没办法做到的，所以必须把它放在自己的黄金时间。黄金时间在半夜的人，这活动当然就在半夜进行了。

斯蒂芬·金写作时会关起门和外界完全隔离，连电话都不接。完全与外面隔绝并放着音乐，目的是要把自己放进属于个人的世界里。通过类似这样的规划让自己被外部的框紧紧框在里面，从而源源不断地产生许多点子。他将这种做法变成了习惯。正因为他像这样安排时间，所以才能产生数量庞大的作品。

作家宇野千代也说过："想成为作家的人，每天请好好坐在你的书桌前。"这不是指导，而是说坐下来的习惯是非常重要的。这和斯蒂芬·金所说的"一定要制造与外界隔离的时间"有异曲同工之妙。

为了不和外界联系，我也把大学研究室的电话切断了，原因是集中精神写作的时候一旦被电话打断，再重新集中精神恢复到刚才的水平需要相当大的能量。和他人说话的时间与自己集中精神写东西的时间，两者在活动的本质上有很大的差异，前者是把自己放出去的时间，后者则是让自己沉入内心世界的时间。

这种活动本质的差异必须用规划来加以组织分配，分割为和外界完全隔绝只供自己使用的时间，和自我开放高效地和他人接触的时间。所以若不了解自己的活动本质，只是尽全力地读一些东西然后心想可以开始写了，但是大脑却可能已混乱得无法运作。**状况的设定可以引发出更多的脑力，但也可能消耗更多脑力。**

必须要有"背后规划"的意识

规划分为表面的规划和背后的规划,表面的规划是指从外面可以看到的时间流程。以一家小餐厅来说,开店之后客人进来时接受他们的点菜,然后制作餐点,接着端出去,这些全都属于表面的规划。在其背后其实还隐藏着许多工作,例如开店之前得先购买需要的物品,采购就是一个背后的规划。事前的采购活动是很典型的规划。

外行人对于采购这件事是无意识的,"规划高手"和外行人的区别就在于有没有这种采购意识。好的表面规划一定也相应地存在好的背后规划,看看擅于处理工作的人,他在表面和背后两方面的规划一定都进行得很顺利。

表面的规划很容易就能明白,但是背后的规划却经常被忽略，要看到背后规划就必须站在那个做事的人的立场。在电视剧中，有出场人物也有故事，在各种的发展上都花了工夫，这属于表面的规划。背后的规划则是指编写剧本、排练、与赞助商的事前沟通以及业界的竞争等要素。专业人士对于如何安排这些东西有很清楚的意识，但是外行人因为没有背后规划的意识，往往会发生种种错误。

很多人的愿望是当模特儿，他们所看到的可能只是时装秀、摄影等等体现在表层的工作，于是认为自己也可以胜任。但是模特儿背后的工作其实是非常辛苦的，因为要同时参加许多场选拔而忙碌不堪，并且很多时间都花在等待上，为了保持身材还得特别控制自己的饮食，这实在是非常辛苦的工作。

如果可以看到背后这些很麻烦的规划，那么就可以清楚自己能不能够胜任这种工作。实际地参与工作后就会明白，所需要的能力其实大部分是针对事前准备那部分而言的，所以要意识到其背后的规划也是锻炼规划力很好的练习。

如果能够看穿背后的规划，就堪称是相当有规划力的人了。以料理为例来说，具有做料理的规划力的人，当一道菜肴端出来的时候，就将它是按照什么步骤做出来的、包含什么样的材料都知道得一清二楚。另外，这是需要依靠真正职业技术来做的高难度料理，还是一般人也能做的简单料理，他也马上就可以分辨。当然，这家店的费用是否值那个价值他也一目了然。如果真的吃到非常棒的料理，他会觉得不虚此行，做料理的人也会因为吃的人懂得它的价值而觉得不枉费工夫。

这在任何领域都是相通的，已完成的整体形态看起来是非常单纯的东西，背后的事前准备反而非常复杂，这样的例子比比皆是。 为了让形态看起来单纯，必须割舍的东西也就有很多，因此事前的准备也就大费周章。

我在拙作《发出声音念日语》一书中引用了很多教材，解说的部分比较少，所以有些人认为这比自己完完整整写出一本书轻松得多。其实正好相反，用自己的语言写东西反而更轻松。《发出声音念日语》是在60册～70册的教材中加以撷取，为此在选择时所割舍的参考书量可以说相当庞大。同样地，针对这些所要写的解说又必须读很多本参考书，同时为了让文章以在一页内作结束这种简单的形态呈现，还必须做完整的归纳，所用的努力比想象中多太多了。可以说是因为有背后的规划支撑，这本书才得以完成。

9 看幕后制作花絮是锻炼规划力的最佳方法

在培育规划力上，能不能看见背后的规划会产生非常重要的差别。

在锻炼如何看穿背后的规划方面，体现幕后制作过程的花絮是很有趣的。在制作一部电影时，会把部分制作过程拍摄下来当作商品，其中我看过宫崎骏的吉卜力工作室发行的《幽灵公主》的幕后制作花絮，真是一个庞大的工程。从开始出现这个想法到角色的设计，颜色的选择，拷贝的方法，等等。在已经完成的作品里，你绝对无法想象它的规划过程有多么精细，它的制作投入了多大的能量。就吉卜力工作室而言，它几乎完整地走完了这个流程，并没有走走停停，而是透过一个庞杂的流程非常系统化地把工作很顺利地完成了。

让我觉得有趣的是，现在这个时代竟然连幕后制作过程都能够成为销售的商品。不论是漫画迷或小说迷都有两种，一种是纯粹欣赏已经完成的作品，另一种则是设想自己站在制作的立场应该如何准备，如何设定角色，如何选择配音，他们会用这样的眼光享受这些东西。会买幕后制作花絮的人便是后者。

我不属于两者中的任何一方，我的想法只是出现了质量这么好的人气商品，就很想看看它的规划过程，希望能学习它的制作方法。能够适当地利用这些幕后制作花絮的话，你就可以养成看穿背后规划的素养。如果看这些花絮只是想知道背后有什么不为人知的事情那也很好，而如果从规划力的观点来看的话，这对训练规划力很有意义。

电视节目《铁人料理》就是将幕后制作的过程呈现在大家眼前，在此趣味性的基础上制作而成的节目。在此之前我们只是享受料理的美味，没有办法看到这些料理人如何杰出地完成了工作。节目中从材料的选择、菜单的制作到烹饪、装盘全部都呈现在观众眼前，在这种意义上它可以说是非常现代化的节目。即使是料理之外的其他领域的人士，应该也能从这个节目中得到很多的启发吧。

现在已经不是只把自己专业内的事做好即可的时代，从

各种不同的领域里吸收他人的规划，让自己的规划力更熟练的时代已经来临了，《铁人料理》就是这样的象征。

规划的时候转移一下注意力看看有关幕后制作的花絮，你可以清楚地了解到吉卜力工作室的宫崎骏和制片人铃木敏夫之间的关系，也可以看出两人的力量是如何相互发生作用，使这个作品能够如此畅销。他们跟本田汽车公司的本多宗一郎和藤泽武夫之间的关系非常相像。

本多宗一郎用自己的点子不断地引导员工，可是基本上对经营并没有多加考虑。而藤泽则非常专注在经营的事务上，表面和背后的规划紧密地咬合，从而成就了国际化的本田集团。制片人铃木和导演宫崎骏的关系也是这样，将商品销售出去是铃木的工作，而把作品做出来则是宫崎骏的工作。

像改变倍数一样改变看东西的方式

规划就是把不同本质的东西加以组合。在这期间要做什么，这个东西应该在什么地方改变，如果不能对这些做大的区分的话，就无法对规划进行组合。区分出本质的不同然后组合规划，这对规划力是非常重要的。

我在教课时，会给学生一个课题让他们写出规划，经常一开始是同种性质的东西，但经过不同的规划后成为了许多不同的东西。如果有十二道手续的话，其中每四个属于同一性质，在规划上就可以大致区分为三项工程，其中有人以1-1·2·3·4、2-1·2·3·4、3-1·2·3·4将这十二道手续用1、2、3、4并列出来。总之，首先就是要具备把整体区分为三项工程的能力，而把所有的东西当成十二项工程来看的人，他们的规划力是非常弱的。

在锻炼规划力的时候，要像改变望远镜或显微镜的倍率一样，改变对事情的看法。或许无法看见极其细微的东西，但却可以清楚看到它的构造。把发生的事情按时间单纯地并列成十二个记下来是不可取的做法（虽说如此，但这当然比连记都不记来得好），不妨换一个想法，将同性质的东西四个四个地归纳为三项工程，经由这样的区分从中看出它的构造。

放大倍率从而完整地看到全体，就能知道场地或做法瞬间的清晰变化，本质发生变化之后和之前有非常明显的不同。能够看到这种性质是在什么地方产生变化的也是组织规划的要领。如果能够知道这一点，对于大规划中属于同性质的作业只要持续做就可以了，而且也会非常轻松。并且你也能够看到你所做的事情的前景，所以不会觉得不安。

我察觉到，可以很快而且顺利地完成工作的人有个特征，他们似乎不会思考多余的事情。**即使进行的是高难度的工作，通常他的想法还是很简单的，因为能够把自己做的事情尽可能地单纯化，所以也就不会使用额外的脑力。**但是工作做得不怎么好的人就会想得很多，例如做这样的事情有没有关系，因为思考过头而使得他的脑力使用过多，把蓄积起来用以完成事情的能量消耗殆尽，所以执行工作时就变得很迟钝。

能够非常耐心地持续积存这种能量然后突破障碍的人，与其说他天生具有耐性，不如说他能够看见前景，而这美好的前景支撑他去完成事情。不管是谁，对于看不见前景的事情都没办法激起自身的耐性和勇气。对学习没有耐心的人，却可以在他自己感兴趣的领域里展现非常惊人的耐力，所以问题不在于耐力强不强韧，而是事情做起来快不快乐。如果有快乐的前景在前面，耐性就可以持续下去。

从高中棒球或高中足球就可以很清楚地看见这一点。有好的教练的学校一定是最强的，如果这个教练转到别的学校，那么那所学校又会变成县（相当于中国的省级行政区划）内最强的学校。追究其原因，是因为学生都相信这个教练的规划。他们相信教练的话，只要尽全力努力，一定可以前往甲子园，所以他们愿意认真地练球。与其说是学生素质的关系，不如说这个教练的规划力是最大优势。因为相信，所以努力，这样的良性循环因此应运而生。学生的耐力、勇气或者是毅力，也正是因为对规划的确信而加速提高的。

11 "交错重叠"的技巧

在规划力的技巧中有一种"交错重叠"的技巧。以出版为例,有日刊、周刊、月刊、季刊、年刊等的周期循环。如果把这些套入工作里,就是指有些是必须一周完成的工作,有些是必须一个月完成的工作。所有的工作不在同一时期重复,交错开来但又重叠的规划就是"交错重叠"。

这是以时间带的不同点而进行的顺利的循环规划,并不是各自的规划有优劣之分。例如有一年才见一次面的朋友,有一季见一次的朋友,也有每周见面的朋友,但是一年见一次的朋友不见得就比每周见面的朋友来得重要,和这个是相同的道理。

我因为要写周刊杂志的连载,所以以周为单位来跟进我的工作。和它并行的还有月刊杂志、季刊杂志与一年的研究工作,五年的研究工作，花十年才能完成的研究工作，让它们各自分开循环运作是因为不同的事情完成的时间带也不同。就像酿造威士忌的事前工作一样，如果想做十二年的威士忌就必须早一点准备，而不是把所有的工作都铺展在眼前。思考各项工作各需要多少时间带完成，再推算应该什么时候开始，什么时候可以结束，然后再把各个规划重叠进行。将各个规划相互交错开是非常重要的方法。

要学习"交错重叠"的技巧，我认为工作日志是非常重要而且相当优秀的工具。看着日志，一天、一周、一个月、一年这些单位会以图形的形式印入你的脑海里。我使用的日志是以周为单位的工作记录手册，然后用三色笔依重要度将时间表做颜色的区分。

用方形框起来，在这个方框的中间记下非做不可的事情，表示"如果在这个时间做完这个范围内的事情，之后就可以轻松了"的状态，视觉上的预期就很清楚了，可以说非常方便。我看日志的次数相当频繁，在电车里会看，甚至开会中也会拿出来看，这可以说是一种模拟的行为。看日志其实对心理健康是非常好的，即使已经到了迫在眉睫的状态，只要看着日志就可以做好整理。如果生活中没有日志的话，大脑会一片混乱，陷入重重压力中。

最近有很多人随身携带电子日志。但是经常被工作追赶的我，靠着这本小小的日志就可以完成所有事情。那么这就意外地表明这种日志虽然比较原始，但也可以发挥作用。它不仅小巧便于携带，而且可以写入东西，也能上色。以颜色掌握一周的工作，而且重复看几次都可以，甚至可以让自己有处于临阵状态的意识，这些都是工作日志的好处。

工作日志的作用还不止这些，不断重复看日志的话，你的交错重叠的技巧就会越来越好。这是一周的活动，那是一个月的课题，那则是一年的课题，你可以根据这些时间带来思考各种不同的规划，在大框架里思考事情，然后以周、月、年为单位来做分级，这样组合出来的规划很少会发生崩毁的状况。

以我的例子来说，情况允许的话我都会提前把工作做好。例如一本书在10月或12月出版都可以，我会在10月完成，这样11、12月就可以空出来了。当然等到12月再出版也可以，但因为提早两个月完成的话，可能又会有新的状况发生。至于这本书会成功还是失败，也可以提早两个月知道结果，而且还可以进行下一项工作，如此一来工作就进入了快速运转。

如果想要提早完成工作，那么无论如何必须非常妥善地组织你的规划。为了达成10月出书的目标而以逆推的方式感觉在被工作追赶，这会非常具有效率。相反地，给自己太多充裕时间的计划是很危险的，甚至有可能最后连书都出不来。因为两个月的差距而出现更大的差异，类似的例子时有所见。

后　记

　　规划力是可以超越领域的,如果具有某种优秀的规划力,那么一定也可以将其应用在其他方面。以料理为例,料理的规划首先从收集材料的阶段开始,最后还包括收拾整理工作。大部分擅长烹饪的人在做完料理之后,会做好收拾整理才算结束。像这类时间性的顺序当然不可不注意,而材料的组合和优先顺序,以及万一缺少某种材料或调味料的时候如何迅速解决并以最终形态呈现出来也都是重要的部分。有了这样的规划力,无论在什么场合都能端出佳肴。

　　擅于烹饪的人可以以料理为比喻来看待工作,简单地说就是以自己最擅长的事情作比喻来看待其他事物。**因为以自己最擅长的形态工作最容易发挥自己的能量,活力也会从中产生**。即使是你喜欢的领域,如果还没抓住自己的形态,就没办法发挥出你的能量,面对自己拿手的事物以自己最拿手的状态面对它,那么一切就会非常顺利。

组织规划的时候,一起规划的人之间不会有极端的差异存在,因此我认为各领域的才能不像世间人想象的有那么大的差别。公司经营和运动的关联是最好的例子,这两者本来是毫不相干的领域,但是听很多经营者说,运动成了他们的信念。特别是登山似乎是很容易成为信念的一种活动,我听过很多人说,登山的时候规划力是非常必要的。

即使是一天来回地登山,还是得设定时间并推测自己的力量来决定行程。尤其是需要住宿的登山活动,如果没有规划力的话,就有可能遭遇山难。要爬到山的多高位置,为此必须准备什么。如果是我的话,可能会等到登山前夕才匆匆忙忙地去购买帐篷,登山老手一定会避免这种状况而在事前做好万全的准备。这可是性命攸关的事情,能够锻炼到规划力。

所谓经验就是可以让工作活起来的东西。我想大多数人都有过这样的体验,学生时代注入能量所做的活动在后来的人生必然能够复苏。当然也可以说这样的经验培养了你的秉性,而在这里说的是培养规划力,所以应该说对自己现在的规划力有所帮助。如果持有这样的想法的话,这个话题就不会陷入只有精神论而没有具体性的状态了。

精神上充满干劲固然是必要的，可是无论你多么干劲十足地往前冲，如果没有规划力的话也只是空转。在执行的过程中由于没办法顺利进行，于是干劲儿就跟着消失了。所谓的干劲儿会因为你的规划运转得非常好而增加，这是我的想法。与其一开始就追究有没有干劲，不如让自己拥有规划力，这才是你应该投入力量的地方。

这在教孩子的时候就非常明白了。孩子一开始就有想做的想法当然很好，但并非所有的孩子都是如此。如果将想做的干劲儿和老师的规划相结合，再顺利地引导他们的话，便可激发出他们的干劲儿。干劲儿是在规划力中产生的。

唤醒自己内部拥有的规划力，这是使规划力技术化的第一步。 在自己体内必然存在很好的规划力，要以这样的信心来寻找它。如果寻找的时候心想"也许有吧，不过也或许没有"，以这样的心态找大概是找不到的。如果想着"一定会有"而去找的话，保证能够如愿找到。在这世上不存在没有规划力的人，每个人在各自的生活中生存，所以一定拥有某一种规划力，自己最可能拥有的优秀规划力到底是什么，你必须好好地思索一番。

有些人也许在工作上不行，但在自己感兴趣的领域里却能发挥惊人的规划力。被搬上大银幕的漫画《钓鱼迷日记》的主角滨先生是个在公司里几乎什么工作都做不好的无能上班族，但是他却因一手让人啧啧称奇的钓鱼技术成为大家倚赖的对象。

你不可能任何事情都不擅长，在某个领域里你一定有非常惊人的规划力，只要好好地将它发挥出来就可以了。当你明白了"啊，原来这也是规划力"的时候，你就会信心十足地不断往前进。自己擅长的规划力也可以应用在工作上，就像滨先生以钓鱼作比喻来处理工作一般。

以自己擅长的事情作比喻，逼自己看透所有的事物。这样超越领域的做法就是磨炼规划力的要诀。

出版后记

当被问到是否具有规划力,很多人会因此变得不自信,认为自己没有做好规划的能力。其实,大到国家发展、企业经营,小到收纳整理、写作沟通,处处需要规划力。

本书中,作者通过涵盖社会生活各个方面的案例及人物事例来分析阐释规划力,例如丰田公司"成本减半"的经营方式所体现的规划力;安藤孝雄怎样运用规划力建造出著名的"光之教堂";阿波罗13号怎样依靠规划力创造了人类奇迹……

作者从收纳整理、写作、沟通、职场、会议等五大方面介绍了实践规划力的方法与技巧。此外,为了让我们更加具体清晰地意识到自身所拥有的规划力,作者提出了11种锻炼规划力的方法。当唤醒了自身的规划力并加以锻炼,我们不仅能够应对各种难题，人生会因此抱有希望，工作生活也将更加游刃有余。

服务热线：133-6631-2326　188-1142-1266

读者信箱：reader@hinabook.com

后浪出版公司
2018年2月

图书在版编目（CIP）数据

规划力 /（日）斋藤孝著；曹妲，黄桂译. -- 南昌：江西人民出版社，2018.3（2018.6重印）

ISBN 978-7-210-10207-6

Ⅰ.①规… Ⅱ.①斋… ②曹… ③黄… Ⅲ.①成功心理－通俗读物 Ⅳ.①B848.4-49

中国版本图书馆CIP数据核字(2018)第028149号

DANDORI-RYOKU
Copyright © 2006 by Takashi SAITO
First published in Japan in 2006 by CHIKUMASHOBO LTD.
Simplified Chinese translation rights arranged with CHIKUMASHOBO LTD.
through Japan Foreign-Rights Centre / Bardon-Chinese Media Agency

版权登记号：14-2018-0021

规划力

作者：[日]斋藤孝　译者：曹妲　黄桂
责任编辑：辛康南　特约编辑：方泽平　筹划出版：银杏树下
出版统筹：吴兴元　营销推广：ONEBOOK　装帧制造：墨白空间
出版发行：江西人民出版社　印刷：北京京都六环印刷厂
889毫米×1194毫米　1/32　6.75印张　字数106千字
2018年3月第1版　2018年6月第2次印刷
ISBN 978-7-210-10207-6
定价：36.00元
赣版权登字 -01-2018-28

后浪出版咨询(北京)有限责任公司 常年法律顾问：北京大成律师事务所　周天晖 copyright@hinabook.com
未经许可，不得以任何方式复制或抄袭本书部分或全部内容
版权所有，侵权必究
如有质量问题，请寄回印厂调换。联系电话：010-64010019